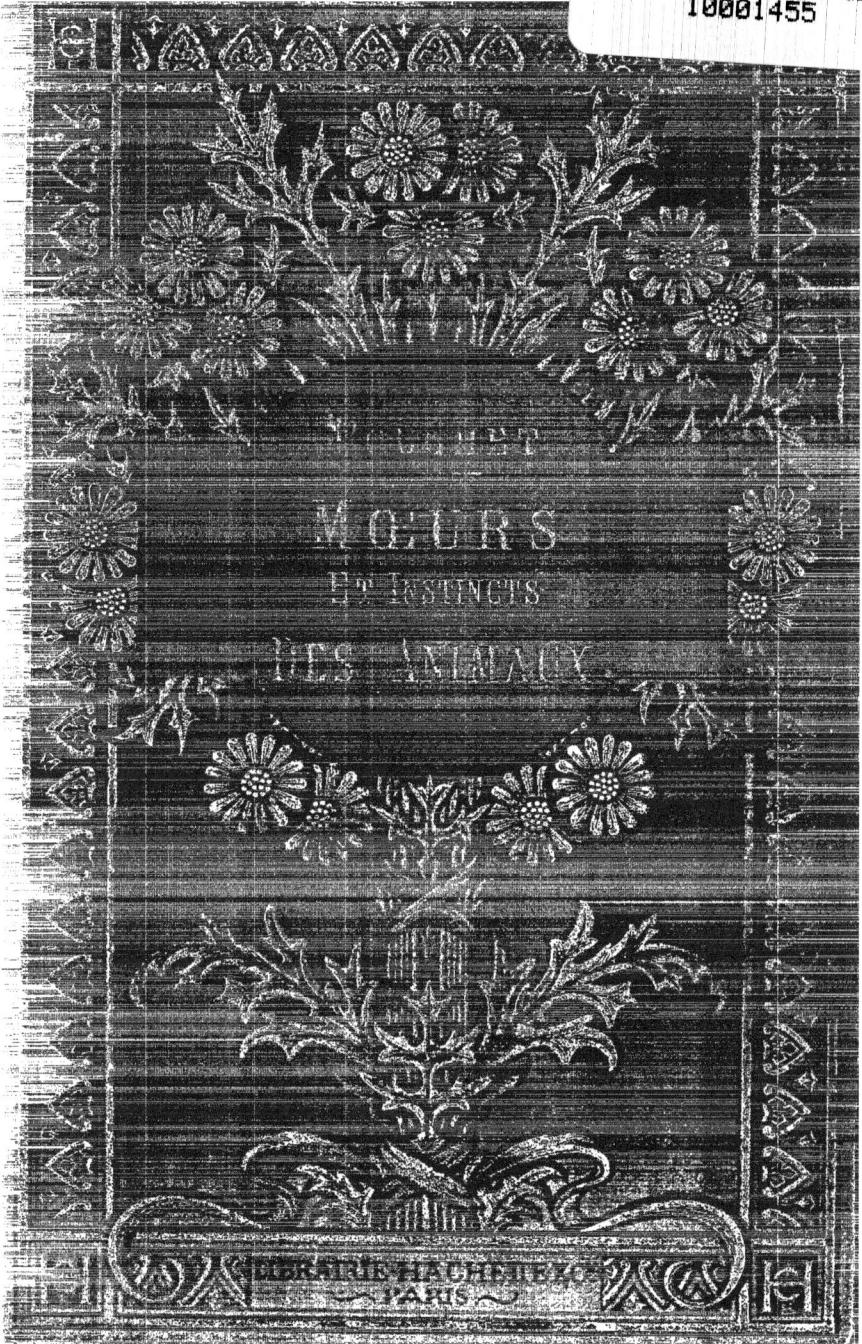

MŒURS

ET INSTINCTS

DES ANIMAUX

LIBRAIRIE HACHETTE & Cᵉ
PARIS

MŒURS ET INSTINCTS

DES ANIMAUX

ÉCROULEMENT, A TONNAY-CHARENTE D'UNE MAISON MINÉE PAR LES TERMITES

BIBLIOTHÈQUE DES ÉCOLES ET DES FAMILLES

MŒURS ET INSTINCTS

DES ANIMAUX

PAR

A. POUCHET

OUVRAGE ILLUSTRÉ DE 164 GRAVURES

NOUVELLE ÉDITION

PARIS

LIBRAIRIE HACHETTE ET Cⁱᵉ

79, BOULEVARD SAINT-GERMAIN, 79

1897

Droits de traduction et de reproduction réservés.

MŒURS ET INSTINCTS
DES ANIMAUX

LIVRE I

LE MONDE INVISIBLE

« Notre imagination est également confondue par l'infiniment petit et par l'infiniment grand », disait Bonnet, l'un des plus zélés vulgarisateurs de l'histoire naturelle.

En effet, les phénomènes de la création nous frappent de stupeur, soit que nos regards, en s'élevant, scrutent le mécanisme des cieux, soit qu'ils s'abaissent vers les plus infimes créatures d'ici-bas.

L'immensité est partout! Elle se révèle, et sur ce dôme azuré où resplendit une poussière d'étoiles, et sur l'atome vivant qui nous dérobe les merveilles de son organisme.

« Quiconque contemple ce spectacle avec les yeux de l'âme, dit un illustre orateur, sent la petitesse de l'homme comparativement à la grandeur de l'univers. » Mais, s'il est vrai qu'un sentiment d'humilité nous subjugue en présence de l'immensité dans l'espace et de l'éternité dans le temps; si chaque pas que l'homme fait dans la carrière, si chaque ride qui sillonne son front lui dévoile sa débilité, sa faiblesse; son génie, cette émanation divine, le soutient dans sa marche en lui décelant et sa puissance et sa suprême origine.

Lorsque au début de nos études nous jetons un coup d'œil sur la création, son grandiose nous étonne, et nous reconnaissons qu'aucune de nos fictions n'atteint le sublime de ses proportions.

Les cosmogonies chinoises, par exemple, nous peignent le premier organisateur du chaos sous la figure d'un vieillard débile, énervé et chancelant, qu'on nomme le père *Pan-kou-Ché*. Celui-ci, enveloppé de rochers en désordre, tenant dans l'une de ses mains un ciseau et dans l'autre un marteau, travaille péniblement et, tout couvert de sueur, sculpte l'écorce du globe, en se frayant un chemin à travers ses blocs amoncelés.

On gémit sur la faiblesse de l'ouvrier en présence de l'immensité de l'œuvre. On l'aperçoit à peine ; il est presque perdu au milieu d'énormes amas de pierres en éclats qui l'environnent de toutes parts et encombrent le tableau : c'est un véritable Pygmée accomplissant un travail herculéen.

Au contraire, en présence de leur sol si vigoureusement tourmenté par les cataclysmes, les peuples du nord de l'Europe pensaient qu'un Dieu, dans sa terrible colère, en avait broyé la surface et entassé les débris. Pour les enfants de la Scandinavie, ce n'était plus un vieillard usé et tremblant ; il leur fallait une divinité empreinte de leur sauvage énergie. Pour eux, c'est le dieu des tempêtes, le redoutable et gigantesque *Thor*, qui, armé d'un marteau de forgeron et suspendu sur l'abîme, brise à coups redoublés la croûte terrestre, et avec ses éclats façonne les rochers et les montagnes.... C'est déjà un progrès sur le caduc Pan-kou-Ché ; la virilité est substituée à l'impuissance sénile. C'est une réminiscence de l'épopée antique : Thor semble un géant révolté et en fureur, saccageant tout ce qui tombe sous sa main.

Mais pour nous, accoutumés à nous incliner devant la toute-puissance créatrice, de semblables images paraissent bien puériles : au lieu de ces vieillards ou de ces géants laborieusement occupés à marteler le globe, nous ne voyons partout que

l'invisible main de Dieu. Là, d'une incompréhensible délicatesse, elle anime l'Insecte d'un souffle de vie; ailleurs, en s'é-
tendant largement, elle étreint les mondes dispersés dans
l'espace; elle les ébranle ou les anéantit. C'est alors qu'au

Fig. 1. — Pan-kou-Ché, dieu créateur. — D'après les peintures
des manuscrits chinois.

milieu de ses convulsions notre sphère fend ses montagnes,
entr'ouvre ses abîmes; et, sur chacun de ses gigantesques
débris, comme sur chaque grain de poussière, le philosophe
trouve écrite une belle page de la théologie naturelle.

En effet, chaque pic qui s'écroule étale à nos yeux les restes des générations ensevelies par les révolutions du globe. Leur nombre, leur taille et leurs formes inconnues nous étonnent. Cependant le doute devient impossible, car ces débris inanimés, dont la terre conserve fidèlement l'empreinte, semblent autant de médailles frappées par le Créateur et respectées par

Fig. 2. — Thor, le Neptune dieu créateur des Scandinaves, retravaillant le globe.

la main du temps, pour nous en révéler l'histoire accidentée!

Si nous passons en revue les forces vives de notre planète, nous nous apercevons bientôt que leur puissance est sans bornes : quand elles se déchaînent dans ses entrailles, toute sa surface est ébranlée. Tantôt elles font surgir les Alpes et l'Himalaya, en suspendant leurs cimes dans la région des

nuages; et à un autre instant, en fendant le globe presque
d'un pôle à l'autre, les Andes et l'Amérique sortent du sein
de la mer; puis les flots étonnés, en s'étalant tumultueusement sur l'Ancien Monde, produisent l'une de ses plus récentes
catastrophes, le grand déluge : ainsi l'a voulu la suprême volonté!

Si, après avoir scruté les imposants phénomènes qui s'accomplissent à la surface de la terre, nous abaissons nos regards
vers ses êtres les plus infimes, là nous voyons encore se révéler, avec une magnificence inattendue, toute la sagesse de
la Providence; bientôt même, le spectacle de l'immensité dans
les infiniment petits ne nous étonne pas moins que l'incom-
mensurable puissance des grandes scènes de la création. La
nature animée semble imiter ce panthéisme antique qui plaçait des parcelles de la divinité dans chacune des molécules
des corps; elle aussi se décèle partout : armé du microscope,
l'œil en découvre des indices dans chaque interstice de la
matière!

Fontenelle blâmait souvent cette ancienne et verbeuse scolastique, qu'il appelait, avec raison, la philosophie des mots;
le savant secrétaire de l'Académie voulait que l'intelligence
ne s'exerçât que sur les faits, sur la philosophie des choses.
Nous allons nous montrer docile à ses préceptes en ne nous
occupant que des conquêtes de l'observation.

Rien ne donne une plus splendide idée de l'universelle dif-
fusion de la vie dans l'espace, que le nombre prodigieux d'Organismes qu'on rencontre partout et dans tous les corps de la
nature : démonstration qui est l'une des plus récentes et des
plus magnifiques conquêtes de la science.

Nous la devons au microscope, découvert il y a environ un
siècle et demi. Tout d'abord cet instrument nous initia à des
choses si saisissantes et si inattendues, que partout on convint
qu'il nous avait révélé un monde nouveau, en nous ajoutant,
en quelque sorte, un sixième sens pour scruter l'invisible.

A la lecture des œuvres des naturalistes, quand on les voit

pénétrer si profondément les plus intimes secrets de l'anatomie et saisir sur le fait les mœurs de milliers d'êtres dont
l'œil ne peut même nous faire soupçonner l'existence, on
se demande si l'orgueil du génie ne s'est pas substitué aux
simples réalités de la nature. Aussi, pendant longtemps les
assertions des micrographes furent-elles taxées de fables par
quelques esprits retardataires. Mais, à l'aspect de leurs instruments d'une si grande précision, on devine que, quelque merveilleuses que paraissent leurs investigations, les observateurs
n'ont pas dû s'égarer.

Le microscope fut découvert en Hollande, presque en même
temps, par deux savants. Leuwenhoeck et Hartzoeker, qui s'en
disputèrent vivement l'invention. Le premier, cependant, fut
réellement le père de la micrographie; l'autre était essentiel-
lement physicien.

Entre eux souvent même la discussion était acerbe et mal-
séante. Leuwenhoeck vivait isolé et solitaire, ne voulant laisser
pénétrer à personne aucun de ses secrets; sa femme et sa fille
y étaient seules initiées, et sa porte restait absolument close
pour son jeune et turbulent rival.

Sensible à cet outrage, celui-ci s'en vengeait de son mieux;
il admonestait vertement son antagoniste en prétendant que,
pour le plus grand nombre, ses découvertes, publiées dans un
culte bas et rampant, étaient absolument chimériques. L'in-
sulte suivait la polémique. Cependant, n'y tenant plus, et
voulant à tout prix fouiller les travaux de son émule, Hartzoeker,
à l'aide du bourgmestre de Leyde, et sous un nom supposé,
s'introduisit un jour chez Leuwenhoeck pour piller ses procédés; mais le vieux micrographe, l'ayant reconnu, le congédia
brusquement.

L'œuvre de Leuwenhoeck surpasse réellement ses moyens d'investigation; la perspicacité du savant a dépassé la puissance
de ses instruments. On se demande encore comment il a pu
deviner tant et tant de choses que ceux-ci n'ont pas dû lui
révéler.

En effet, le célèbre Hollandais n'a jamais possédé de microscope qu'on puisse comparer à la remarquable perfection de
ceux dont on se sert aujourd'hui. Il n'employait que de simples
lentilles, qu'il confectionnait lui-même; et c'est avec de tels
instruments qu'il fit ses plus importantes découvertes. On
peut vérifier cette assertion dans les collections de la Société
royale de Londres, à laquelle, en mourant, il légua les prin-

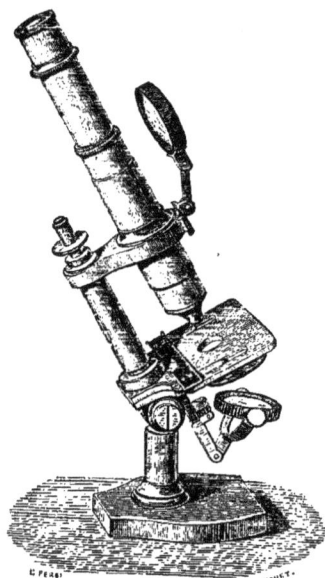

Fig. 3. — Investigateur des infiniment petits. Microscope achromatique
de M. Nachet.

cipaux verres grossissants qui lui avaient fait conquérir tant
de gloire.

Les plus fortes lentilles de Leuwenhoeck n'amplifiaient les
objets que cent soixante fois en diamètre; tandis qu'aujour-
d'hui nous possédons des microscopes achromatiques qui les
grossissent de douze à quinze cents fois.

Tout dernièrement on assurait même, dans les journaux
scientifiques, que deux opticiens de Londres avaient réussi à
confectionner des lentilles objectives qui augmentent de 7500

diamètres, ce qui équivaut à un grossissement de surface égal
à 56 millions de fois. On ajoutait que, malgré ce résultat
extraordinaire, tout se voyait avec une grande netteté.

La mensuration des moindres détails microscopiques a même
acquis un degré de précision qui surpasse tout ce qu'on pourrait imaginer. On possède des micromètres en verre sur lesquels
chaque millimètre est divisé en cinq cents parties ou lignes,
d'une telle finesse que l'œil le plus exercé ne peut les apercevoir. Ce travail s'opère avec un instrument d'une délicatesse
extraordinaire. Celui-ci ne fonctionne qu'au milieu de la nuit,

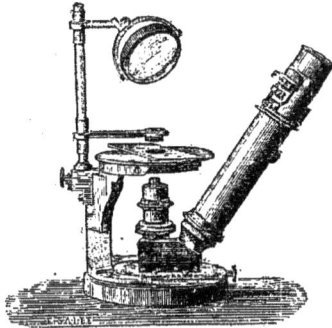

Fig. 4. — Microscope servant aux réactions chimiques.

aux heures où, tout étant endormi, rien ne l'ébranle et n'en-
trave la précision de son tracé. L'ouvrier lui-même, à cet effet,
n'entre point dans son atelier; un mécanisme d'horlogerie, au
moment propice, met la machine en mouvement. Les invisibles
divisions de la lame de verre sont burinées à l'aide d'un éclat
de diamant excessivement fin, qui, quand sa tâche est accom-
plie, se trouve totalement usé.

Mais là ne s'arrêtent pas les moyens d'investigation dont dispose le micrographe. Dans des observations d'une extrême délicatesse il appelle à son secours des micromètres presque merveilleux, composés d'un ingénieux mécanisme, pouvant diviser
un millimètre en 10 000 parties, en faisant mouvoir des fils

d'araignée à l'aide d'une simple vis. Enfin, il utilise aussi, de
mille manières, la lumière simple ou polarisée et les réactions
chimiques, pour venir à son secours. Et, comme ces dernières,
par les vapeurs qu'elles dégagent, altèrent l'instrument et em-
brouillent les verres, pour éviter ces inconvénients, les savants
emploient des microscopes particuliers dont les lentilles sont
placées au-dessous des objets soumis aux manipulations.

Après l'exposition des ressources dont elle dispose, accusera-
t-on encore la micrographie de ces vaines illusions que se plaisent à lui reprocher ceux qui ne se livrent pas à ses patientes
investigations? Peut-être! car cette science n'a jamais cessé de
rappeler les dissensions interminables qui obscurcissent ses
premiers jours; la dispute de Leuwenhoeck et de Hartzoeker
n'est point encore apaisée.

Les animalcules qui composent le monde microscopique ont été longtemps désignés sous le nom d'*Infusoires*; mais ce nom doit être abandonné, puisque beaucoup de ces êtres ne vivent pas dans les infusions et, au contraire, habitent la mer ou les eaux douces. Il vaut mieux lui substituer les noms de *Microzoaires* ou de *Protozoaires*, dont le premier indique de petits animaux, le second les plus simples débuts de l'organisation animale.

L'anatomie de ces êtres invisibles a longtemps paru un mystère impénétrable; on en désespérait. Le baron de Gleichen, ayant délayé du carmin dans de l'eau qui contenait quelques-uns de ces animaux, fut tout étonné de les voir se remplir de matière colorante; mais ce fait important passa inaperçu. Buffon et Lamarck n'en continuèrent pas moins à les considérer comme de simples parcelles de gélatine animée.

Un naturaliste français, Dujardin, démontra que c'était là tout au moins une grande exagération. Il est très vrai que le tissu intérieur de ces animalcules représente une sorte de trame spongieuse susceptible de se creuser de vacuoles accidentelles, admettant les aliments et les expulsant ensuite par une issue qui se pratique, à cet effet, à la périphérie du corps. Étrange bête que ce Microzoaire se creusant ainsi des estomacs à volonté, dans sa propre substance!

Cette découverte fit d'autant plus de bruit qu'elle se produisait après la publication du magnifique ouvrage d'Ehrenberg sur l'organisation des Infusoires. Dans cet ouvrage, le savant naturaliste prussien avait démontré pour la première fois que ces êtres, malgré leur infime petitesse, n'en ont pas moins une organisation qui parfois présente une surprenante complication.

Les figures contenues dans cette œuvre, qui suffirait seule pour donner à son auteur une impérissable renommée, sont exécutées avec une précision et un grandiose qui émerveillent tous ceux qui l'explorent attentivement. La transparence du corps de tous les animalcules qu'Ehrenberg y a peints avec tant de naturel, permet d'en discerner l'organisation complexe; il semble qu'on les voit vivre et se remuer sous ses yeux. Cepen-

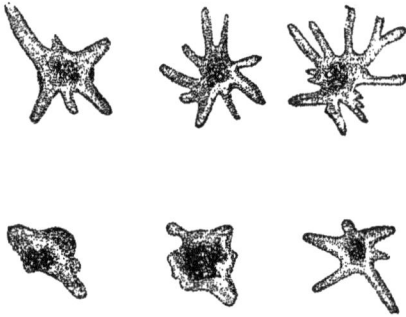

Fig. 5 et 6. — Protée ayant successivement changé de forme.

dant quelques zoologistes français n'en persistèrent pas moins pendant dix ans à soutenir qu'il n'y avait là que des animaux sans organes! Quelques microzoaires sont, il est vrai, dans ce cas; c'est ce qu'on voit sur ceux qui se trouvent figurés ci-dessus; mais c'est une exception.

Leur forme est constamment déterminée: par exception seulement, quelques-uns en changent à volonté et prennent cent aspects divers sous les yeux étonnés de l'observateur : on ne les reconnaît plus à cinq minutes de distance. A un moment donné, ils sont globuleux ou triangulaires, et un instant après on les voit prendre l'apparence d'une étoile. Aussi ces êtres aux formes insaisissables ont-ils reçu le nom de Protée, ce vieux pasteur de phoques chanté par Homère et qui savait se soustraire à tous les regards dans ses métamorphoses.

Quelques animalcules de la même tribu s'entourent de pieds
improvisés, semblables à de vivantes racines, dont on leur voit
varier l'arrangement de mille manières. Parfois ils les allongent
démesurément ou les font totalement disparaître; d'autres fois

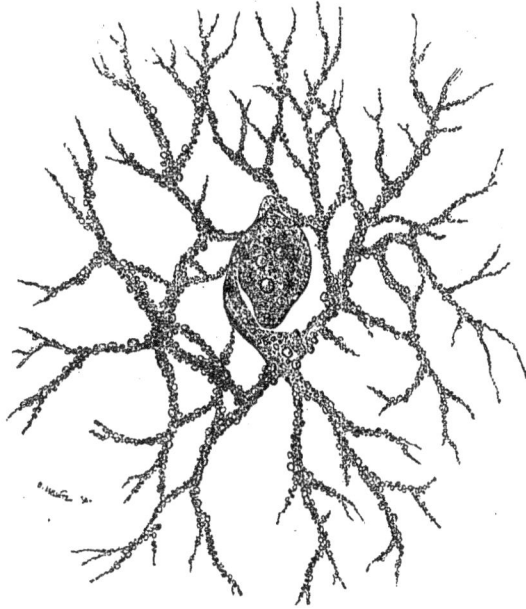

Fig. 7. — Lieberkuhnie de Wagener (*Lieberkuhnia Wageneri*, Cláparède).

ils les éparpillent, les soudent ou les entortillent comme la
chevelure d'une Gorgone.

Le monde microscopique a lui-même ses extrêmes. Il y a
autant de distance entre la taille du plus exigu de ses représentants, la Monade crépusculaire, et celle de l'un de ses plus
volumineux, le Kolpode à capuchon, qu'il y en a entre un
Scarabée et un Éléphant.

Rien n'est plus merveilleux que l'organisation de ces êtres

invisibles; et, si d'attentives observations ne l'avaient mise hors de doute, on serait tenté de croire que les récits des naturalistes ne sont qu'une simple fiction ou qu'un audacieux mensonge.

Un Microzoaire ne pèse pour ainsi dire rien. Mis dans une de nos balances de précision, il ne lui imprimerait pas la moindre oscillation; des baleines acquièrent jusqu'à trente mètres de longueur, et leur poids peut s'élever à deux cents tonnes, poids que n'atteindrait pas une armée de trois mille hommes. Et cependant le luxe des appareils vitaux des Microzoaires dépasse parfois ce qui existe dans ces grands animaux et dans beaucoup d'autres. Il en est dont le corps est couvert de centaines de cils ou petits poils mobiles qui leur permettent de nager avec une grande rapidité. Chez quelques Infusoires, la bouche est munie de dents d'une prodigieuse finesse, qu'on voit se mouvoir et broyer l'aliment à travers la transparence du corps.

Malgré l'extrême petitesse de ces êtres restés inconnus durant tant et tant de siècles, la nature ne les en a pas moins environnés de sa plus vive sollicitude. Il en est dont le corps est protégé par une cuirasse calcaire; et, chez beaucoup même, la carapace protectrice est indestructible et de la nature de nos pierres à fusil : c'est de la silice qui la forme!

D'après Ehrenberg, quelques Infusoires ont même des yeux, et ceux-ci présentent parfois l'apparence de prunelles d'un rouge flamboyant. Or, si l'on pouvait admettre que des organes d'une pareille ténuité possédassent un champ visuel d'une étendue telle, qu'il fût possible à ces animalcules de nous apercevoir avec les instruments qui nous servent à les observer, se figure-t-on quelle impression terrifiante serait la leur lorsqu'ils se verraient entre nos mains?

Enfin, souvent ces animalcules possèdent, à l'intérieur du corps, de larges vacuoles se remplissant et se vidant sans cesse d'un fluide légèrement coloré. Celles-ci représentent le cœur des grands animaux, et leur liquide, le sang. Et ce système cir-

culatoire a une telle ampleur relative, qu'on peut assurer sans
exagération que certains êtres microscopiques ont proportionnellement le cœur cinquante fois plus volumineux et plus puissant que le Bœuf ou le Cheval.

Si l'infinie perfection organique de ces corpuscules vivants
a dépassé toutes nos prévisions, leur perpétuelle activité n'a
pas moins lieu de nous étonner. L'existence de tous les animaux se compose d'alternatives d'action et de repos : de mouvement qui dépense les forces, et de sommeil qui les répare.
Les Infusoires ne connaissent rien de semblable : leur vie est
l'emblème d'une incessante agitation. Ehrenberg, en les obser-
vant à toutes les heures de la nuit, les a constamment trouvés
en mouvement, et il en conclut qu'ils n'ont jamais de repos,
jamais de sommeil! La plante elle-même s'endort à la fin
de la journée, épuisée par sa vie interstitielle, inapparente, et
l'animalcule point, malgré la prodigieuse activité de la sienne.

Frappé d'une telle observation, R. Owen a pensé que cette
extraordinaire activité pourrait bien avoir sa source dans
l'énorme absorption d'aliments que font les Infusoires. En effet,
un Homme, un Lion, un Tigre n'ont qu'un seul estomac; un
Bœuf ou un Chameau en présentent seulement quatre ou cinq,
tandis que d'invisibles Microzoaires se remplissent pour ainsi
dire de nourriture!...

A mesure que la science s'est perfectionnée, l'horizon de la
vie s'est élargi, et un monde microscopique, plein d'animation,
s'est révélé dans tous les lieux où l'investigation a pu accéder.
Les glaces polaires, les régions élevées de l'atmosphère et les
ténébreuses profondeurs de l'Océan sont peuplées d'organismes
vivants; et partout leur prodigieuse concentration nous émer-
veille tout autant que l'infinie variété de leurs formes.

Si les belles découvertes d'Ehrenberg ne l'attestaient, qui
pourrait croire que ces créatures infimes, dont la ténuité
échappe à notre œil, possèdent cependant plus de résistance
vitale que les êtres les plus vigoureux? Là où la rigueur du
climat tue les plus robustes végétaux, là où quelques rares ani-

maux peuvent à peine subsister, la frêle organisation des Microzoaires ne souffre aucune atteinte du plus terrible froid que
l'on connaisse. Plus de cinquante espèces d'animalcules à carapace siliceuse ont été trouvées par James Ross, sur les glaces
qui flottent en blocs arrondis dans les mers polaires, au
78e degré de latitude. Quelques-uns de ceux que ce navigateur

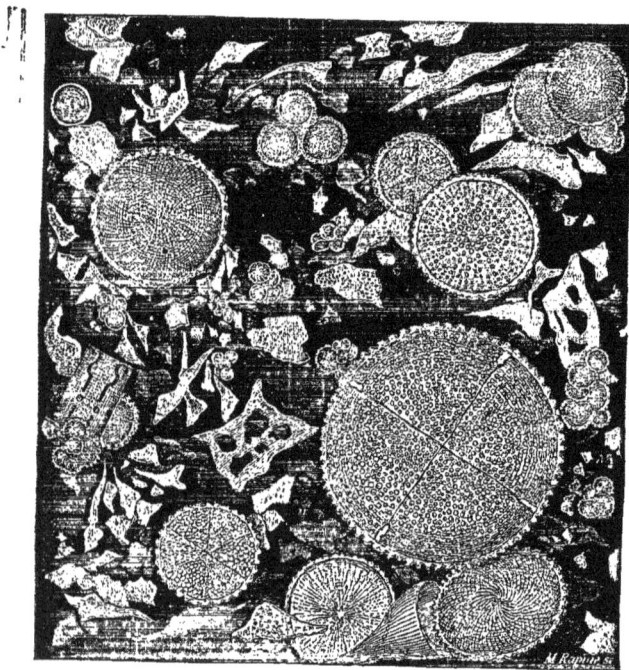

Fig. 8. — Infusoires trouvés au fond de la mer, vus au microscope.

avait recueillis dans les parages de la Terre de Victoria, malgré
la distance et les orages, n'en sont pas moins arrivés pleins de
vie à Berlin.

Les profondeurs de la mer, dans ces régions désolées, nous
offrent encore plus d'animation que sa surface. Dans le golfe
de l'Érèbe, la sonde, enfoncée à plus de 500 mètres, a ramené
soixante-dix-huit espèces de Microzoaires siliceux. On en a
même découvert à 5000 mètres de profondeur, là où ces ani-

malcules avaient à supporter l'énorme pression de 575 atmo-
sphères : pression capable de faire éclater un canon, et à
laquelle cependant résiste le corps gélatineux d'un Infusoire
microscopique!

Ces corpuscules vivants, qui pullulent dans les plus transparentes régions de l'Océan, abondent également dans les eaux
limoneuses de nos fleuves et de nos étangs; et, sans nous en
apercevoir, nous en engloutissons chaque jour des myriades avec
nos boissons. Si, l'œil armé du microscope, on scrutait tout ce

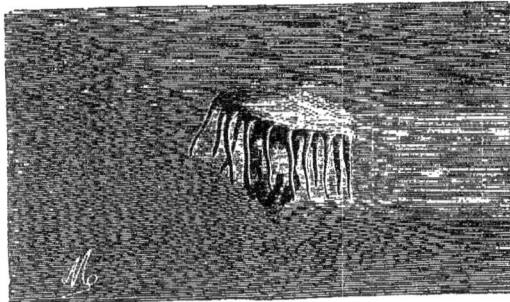

Fig. 9. — Méduse de la Campanulaire.

que contient parfois une seule goutte d'eau, il y aurait de quoi
effrayer bien des gens.

Tous ceux qui pendant la nuit ont vogué sur la mer ou en
ont parcouru les rivages, connaissent le *phénomène de la phosphorescence*, lequel a si longtemps exercé la sagacité des savants.
Attribué à des causes fort diverses, on sait aujourd'hui qu'il est
dû à une multitude d'animaux des plus variés. Parfois, tout à
fait localisé, ce sont des Poissons qui le produisent, en traversant
les vagues comme un trait flamboyant. D'autres fois il provient
de Méduses, dont le disque brillant s'aperçoit calme et immobile
dans la profondeur de l'eau; ou de Physophores qui traînent
derrière elles une chevelure éparpillée, toute surchargée d'étoiles
comme celle de Bérénice au milieu du firmament. Certains
Mollusques, eux-mêmes, bien qu'enfermés sous leurs coquilles,

n'en sont pas moins phosphorescents. Pline avait déjà fait remarquer que les personnes qui mangeaient des Pholades avaient toute la bouche lumineuse.

Fig. 10. — Physophore hydrostatique.

Mais, le plus souvent, ce phénomène se manifeste dans les endroits où la mer est en mouvement : chaque vague bondit en écume lumineuse sur la proue des navires, et les flots resplendissent comme le ciel étoilé. Ces myriades de points phospho-

rescents, qui rendent la mer étincelante, ne sont que des Microzoaires gros au plus comme une petite tête d'épingle, mais dont
l'éclat centuple le volume.

L'Océan offre presque partout de ces animalcules. Chacune de
ses couches en est peuplée à des profondeurs, dit de Humboldt.
qui dépassent la hauteur des plus imposantes chaînes de montagnes. Et, sous l'influence de certaines circonstances météorologiques, on les voit s'élever à la surface de sa nappe liquide.
où ils forment un immense sillon lumineux derrière les navires.

La Noctiluque miliaire est l'un de ceux qui jouent le plus
grand rôle dans cette phosphorescence de la mer. Vu avec le

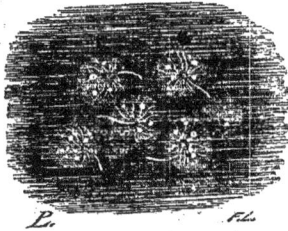

Fig. 11. — Noctiluques miliaires, vues à un fort grossissement.

secours d'un microscope, cet infime animalcule a l'apparence
d'une petite sphère de gelée diaphane, lumineuse dans toute
son étendue et portant un frêle appendice filiforme, qui se meut
et se contourne sans qu'on en puisse bien saisir l'usage.

L'eau présente une autre particularité non moins curieuse
et longtemps inexpliquée; elle prend quelquefois une teinte
d'un rouge sanglant, ce qui, à toutes les époques, a étonné ou
effrayé le vulgaire.

Depuis les temps les plus reculés on se demandait quelle
pouvait être la cause de ce phénomène, qui semblait tenir du
prodige, et on ne l'expliquait que par d'étranges hypothèses.
Mais, depuis la découverte du microscope, il a été parfaitement étudié, et l'on a reconnu que cette rubéfaction de l'eau
dépend de la présence de plantes ou d'animalcules infiniment

petits, qui, sous l'influence de certaines conditions atmosphé-
riques, se multiplient avec une telle abondance, que l'esprit
ne saisit que difficilement toute la magie de leur procréation.

Un savant belge, M. Morren, après avoir réuni presque tout
ce qu'on a écrit sur les eaux rouges depuis Moïse jusqu'à nos
jours, a mentionné vingt-deux espèces d'animaux et presque
autant de plantes comme susceptibles de leur donner l'apparence du sang.

Lorsque Ehrenberg plantait sa tente sur les rivages de la
mer Rouge, près du Sinaï, aux environs de la ville de Thor, il
eut le rare bonheur de voir cette mer teinte de la couleur d'un
rouge de sang, à laquelle elle a dû son nom dès la plus haute
antiquité. Ses vagues déposaient alors sur le rivage une ma-

Fig. 12. — Trichodesmies rouges, vues au microscope.

tière gélatineuse, d'une belle couleur pourpre, que le grand
naturaliste prussien reconnut n'être composée que d'une seule
algue microscopique, la Trichodesmie rouge, unique cause
du phénomène célèbre.

L'eau n'est pas le seul domaine des animalcules microscopiques; on en rencontre aussi dans la terre, en amas dont la
puissance dépasse toutes les supputations du calcul. Certaines
espèces, dont l'infinie petitesse n'égale peut-être pas la 1500ᵉ
partie d'un millimètre, constituent, sous le sol de quelques
endroits humides, de véritables couches vivantes qui ont
parfois plusieurs mètres d'épaisseur.

Dans le nord de l'Amérique on découvre de ces assises
animées offrant jusqu'à 7 mètres de profondeur; et parmi les
bruyères de Lunebourg il en existe de plus de 15. La ville

de Berlin est bâtie sur un de ces bancs d'animalcules, qui dépasse même trois fois les derniers par son épaisseur. Tout
cela tient du prodige. Les êtres microscopiques dont il est
question ici sont d'une telle ténuité, qu'on pourrait en aligner
5000 sur l'étendue d'un centimètre; et le poids de chacun
d'eux équivaut à peine à la millionième partie d'un milli-
gramme, car on a calculé qu'il en faut 1 111 500 000 pour
faire un gramme!

Un sol d'une telle composition est naturellement dépourvu
de stabilité, ce qui fut reconnu pour la capitale de la Prusse,
où l'on se vit forcé, en faisant de nouvelles constructions,
d'en creuser très profondément les fondations, l'affaissement
de quelques maisons ayant démontré l'utilité de cette précaution.

Dans bien d'autres endroits, ces infimes animalcules pullulent encore par myriades de myriades, et forment de puissantes assises sur les couches superficielles du globe. Dans son
remarquable ouvrage sur la Terre, M. Élisée Reclus rappelle
que, dans le port de Wismar, la vase est composée pour un
tiers ou même pour moitié d'espèces vivantes, entassées en
multitude incalculable, à raison peut-être d'un million de
mètres cubes par siècle.

Un phénomène singulier frappe parfois le voyageur qui
explore les montagnes élevées : c'est la coloration rouge de la
neige. Ce fait dont Aristote, le prince des naturalistes, avait
déjà parlé, est encore dû à nos organismes microscopiques.
Et, chose remarquable, c'est que le même être, le *Discerœa
nivalis*, semble le produire partout, sur les cimes glacées des
Alpes comme sur les neiges des plus extrêmes régions polaires
où l'homme ait encore pénétré, car dans ces horribles lati-
tudes on rencontre aussi de la neige rouge.

Le panthéisme disséminait la vie dans tous les interstices
de la matière; nos animalcules microscopiques le rappellent
et abondent partout, même là où nous nous attendrions le
moins à en rencontrer. Notre siècle éclairé a fait justice des

hypothèses de la panspermie, qui imprégnait toutes les parcelles de la création de germes ou d'organismes vivants; mais il faut cependant reconnaître que, si ces introuvables germes métaphysiques ne sont qu'une ridicule fiction, il existe cependant au sein de l'atmosphère, qui nous paraît si transparente et si pure, quelques Microzoaires voltigeant çà et là.

Les invisibles populations d'organismes aériens forment même, selon de Humboldt, une Faune toute spéciale. Mais, outre les Infusoires météoriques, dont, selon l'illustre savant,

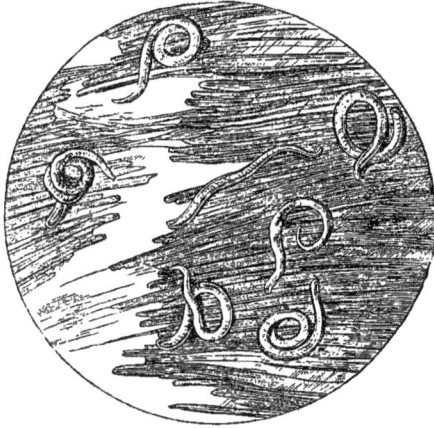

Fig. 15. — Trichines rongeant un muscle, grossies 200 fois. (Voyez p. 27.)

l'existence ne peut être mise en doute, l'atmosphère charrie une immense quantité d'animalcules ordinaires, morts ou vivants, que ses courants enlèvent et transportent par tout le globe. Quelquefois ils abondent tellement dans l'air, qu'ils interceptent la lumière et suffoquent les voyageurs.

En analysant une fine pluie de poussière qui enveloppa d'un brouillard épais des navires qui se trouvaient à 580 milles de la côte d'Afrique, Ehrenberg y découvrit dix-huit espèces d'animalcules à carapace siliceuse.

Mais la vie microscopique n'envahit pas seulement l'eau, l'air et la terre, on la retrouve encore, pleine de puissance et d'animation, à l'intérieur des animaux et des plantes; aucun de leurs appareils les plus profondément protégés, les plus actifs, ne peut s'y soustraire. Non seulement les animalcules affluent dans toutes les cavités des animaux, en communication avec l'extérieur, mais on en rencontre aussi dans les organes absolument clos. L'arbre vasculaire qui distribue le sang dans tout le corps, quoique hermétiquement fermé de toutes parts, n'en contient pas moins parfois quelques Microzoaires mêlés à ses globules sanguins, et semblant vivre à l'aise au milieu du tourbillon incessant de la circulation. Celui-ci parcourant chaque jour plus de deux mille huit cent fois son circuit, en supposant, à cause des ramifications capillaires et des courbes

Fig. 14. — Trichine femelle émettant ses petits, grossie 600 fois, d'après le docteur Pennetier. (Voyez p. 27.)

des vaisseaux chez l'homme, que ce circuit complet n'ait qu'une longueur de 4 à 5 mètres, les animalcules mêlés à notre sang sont donc chaque jour emportés par un torrent qui fait avec eux environ trois lieues. Quel affreux voyage pour d'aussi frêles natures!

L'homme lui-même, malgré son orgueil, ne s'imagine pas quelle population invisible le dévore d'une manière incessante, et finit parfois par le tuer. On découvre toujours, dans son intestin, des masses de Vibrions, véritables Anguillules imperceptibles. La bouche est perpétuellement habitée par des myriades d'animalcules; et le tartre, qui ébranle les dents du vieillard, n'est souvent qu'une sorte d'ossuaire microscopique, renfermant les squelettes de ces êtres infimes.

Des Vers intestinaux pas plus gros que des grains de mil, en
se rassemblant en colonies dans la tête des moutons, occasionnent
fatalement leur mort. Ce sont eux qui causent cette maladie,
connue dans nos campagnes sous le nom de *folie*, ou plus souvent de *tournis*. parce que les animaux qui en sont attaqués
tournent continuellement sur eux-mêmes.

Les innombrables légions d'un autre Ver, encore plus petit,
envahissent tous nos organes charnus. Celui-ci s'y multiplie parfois tellement, qu'on en a compté jusqu'à vingt-cinq dans l'un
des muscles de l'intérieur de l'oreille, qui ne dépasse pas la
grosseur d'un fil.

Ce Ver, sur lequel on en a tant dit dans ces derniers temps,
est la Trichine spirale, dont le Porc est l'habitat de prédilection.
Mais celle-ci s'observe parfois aussi sur l'Homme, dans les pays
où particulièrement, comme en Allemagne, on mange du jambon
et du saucisson crus. Introduites dans notre économie avec ces
aliments, les Trichines pullulent dans l'intestin, et leurs petits
envahissent à tel point tous les muscles, que l'on en découvre
jusqu'à six ou huit sur chaque parcelle qui se trouve dans le
champ du microscope. Il en résulte une mort affreuse; nous
sommes rongés tout vivants par ces imperceptibles Vers, et
aucune puissance humaine ne peut en suspendre l'œuvre.

Ainsi le domaine des Microzoaires n'a de bornes que l'immensité!

LES INFUSOIRES ANTÉDILUVIENS

La prodigieuse abondance des Infusoires durant certaines périodes géologiques est un des faits les plus extraordinaires que puisse nous offrir l'étude de la nature. Quoique, d'après les supputations d'Ehrenberg, il existe parfois plus de trente mille de ces animaux par centimètre cube de craie, leurs légions étaient si tassées, si miraculeusement fécondes lors de la formation de celle-ci, que, malgré leur immense petitesse, certaines roches stratifiées, composées uniquement de leurs carapaces calcaires, constituent aujourd'hui des montagnes qui jouent un rôle important dans l'écorce du globe.

D'un autre côté, dans ces derniers temps, les micrographes nous ont révélé un fait absolument inattendu. Ils ont démontré que quelques roches siliceuses d'apparence homogène, connues sous le nom de *tripolis*, ne sont presque absolument formées que par les squelettes de plusieurs espèces d'Infusoires de la famille des Bacillariées. Ces squelettes ont même si parfaitement conservé leur forme, qu'on a pu les comparer à ceux de nos espèces vivantes, et reconnaître qu'ils ont avec elles la plus grande analogie.

On doit cette remarquable découverte à Ehrenberg. Il en fit part à Al. Brongniart pendant un voyage que celui-ci faisait à Berlin. Cette révélation inattendue impressionna si vivement l'illustre minéralogiste, qu'il écrivit aussitôt ces lignes à l'Académie des Sciences : « J'ai vu toutes ces merveilles; j'ai pu les comparer avec les beaux dessins des espèces vivantes que M. Ehrenberg a faits, et je ne puis conserver le moindre doute ».

Ainsi donc, il est démontré que des roches qui appartiennent
aux plus anciennes époques de la vie du globe, et qui constituent
parfois des couches d'une grande puissance, ne représentent que
des nécropoles d'Infusoires. L'esprit se perd en essayant de sonder
par quelles mystérieuses voies tant d'animalcules invisibles ont
pu former de si extraordinaires amas de cadavres.

Dans l'Amérique du Nord, la ville de Richmond est le centre
de l'un de ces districts, dont « chaque grain de poussière fut jadis
animé », suivant la belle expression de Shelley. Le filon de squelettes microscopiques atteint une profondeur de plusieurs centaines de mètres. Si l'on superposait autant de momies humaines,

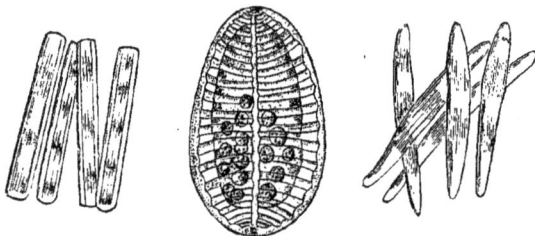

Fig. 15. — Squelettes d'Infusoires siliceux, vus au microscope.

on formerait une montagne dont la hauteur serait presque égale
à celle d'un rayon terrestre! (W. de Fonvielle.)

On peut très facilement vérifier ce que nous avançons. Il ne
s'agit que de gratter avec un couteau la surface d'un morceau
de ces tripolis, d'en laisser tomber la poussière sur une lame de
verre et de l'examiner au microscope, après l'avoir mêlée à un
peu d'eau. On est tout étonné alors de n'avoir sous les yeux que
des carapaces d'animalcules.

On a principalement reconnu ce que nous venons de dire dans
le tripoli de Bilin, en Bohème, et dans ceux de l'Ile-de-France.

Le savant Schleiden a calculé que, dans un pouce cube du
premier, on trouvait, en nombre rond, quarante et un mille
millions d'animalcules. Et, comme les schistes de Bilin s'étendent
sur une surface qui n'a pas moins de trente à quarante kilo-

mètres carrés, sur une épaisseur d'un à cinq mètres, quelle a dû être en cet endroit l'activité vitale pour produire tant et tant d'invisibles squelettes!

Certains tripolis de couleur rougeâtre sont employés à peindre les maisons; d'autres servent à nettoyer notre vaisselle. On ne se doutait guère, il y a quelques années, que la teinte rose dont on décore nos habitations n'était due qu'à des squelettes d'animaux imperceptibles; ou que c'étaient ceux-ci qui, par leur nature siliceuse, nous permettaient de donner un si beau poli à tant d'objets en cuivre. C'est avec l'ossature de myriades d'animaux que nous écurons notre batterie de cuisine!

Non seulement les Infusoires entrent dans la composition des roches poreuses, mais on en rencontre même dans les plus compactes que l'on connaisse, telles que les silex qui forment nos plus durs cailloux et nos pierres à fusil. M. White, dans un mémoire lu à la Société microscopique de Londres, en a décrit douze espèces dans le silex de la craie.

La miraculeuse abondance de cette poussière vivante aux anciennes époques du globe se révèle ostensiblement par la coloration de diverses roches. Selon Marcel de Serre, le sel gemme, qui est parfois nuancé de rouge, ne devrait cette teinte qu'aux animaux microscopiques qui vivaient dans les eaux où il se formait. D'après ce savant, c'est aussi à des Infusoires que les Cornalines doivent leur belle couleur rouge : ce que démontrent sans réplique quelques-unes de ces pierres à l'intérieur desquelles on distingue encore les squelettes de divers animalcules.

III

Dans un assez grand nombre de pays, le dénuement de ressources alimentaires porte l'homme à se nourrir de certaines sortes de terres qui jouissent d'une véritable propriété nutritive.

Les voyageurs sont trop unanimes sur ce fait pour qu'il soit possible d'en douter. Sa connaissance remonte même à une époque plus reculée qu'on ne le croit généralement, car il en est déjà question dans le vieux et curieux livre de Naudé, sur l'apologie des grands hommes accusés de magie. Il y est dit que diverses terres de la vallée d'Hébron sont bonnes à manger....

Vers l'embouchure de l'Orénoque, les Otomaques, durant quelques saisons de l'année, se nourrissent en grande partie d'une espèce d'argile grasse et ferrifère, dont ils consomment jusqu'à une livre et demie par jour. Spix et Martius disent qu'une semblable coutume se retrouve sur les bords de l'Amazone; et ces savants voyageurs rapportent que là les sauvages font usage de cette terre même lorsque les aliments plus substantiels ne leur manquent point. On sait aussi que sur les marchés de la Bolivie on vend une argile comestible. Enfin, Gliddon assure qu'il existe dans l'Amérique septentrionale un assez grand nombre de peuplades géophages, surtout parmi les nègres répandus dans les forêts de la Caroline et de la Floride.

Les naturalistes, frappés de ces récits, ont voulu examiner quelle était la composition de ces diverses terres comes-

tibles, et ils ont reconnu, à leur grand étonnement, que
quelques-unes d'entre elles n'étaient que des espèces de tripolis ou d'argiles renfermant une notable quantité d'Infusoires
d'eau douce ou de coquilles microscopiques : de façon que
l'on peut supposer que ces roches alimentaires doivent leurs
propriétés aux matières animales qu'elles ont retenues; et ce
sont celles-ci qui fournissent à l'homme une véritable nourriture antédiluvienne, composée de débris d'animalcules microscopiques.

Les révolutions telluriques ne se sont pas bornées là; elles
ont parfois produit, de toutes pièces, une *farine fossile* ani-
malisée; il n'y a plus qu'à la transformer en pain. En effet, on
sait que, dans les temps de disette, les Lapons se nourrissent
d'une poussière minérale blanche, qu'ils substituent au produit des céréales. Retzius, qui a étudié cette farine, a reconnu
qu'elle était composée des restes de dix-neuf espèces d'Infusoires analogues à ceux qui vivent aujourd'hui aux environs
de Berlin. Et ce savant professeur a même démontré que cette
poussière de squelettes, qui est également répandue dans la
Suède et la Finlande, devait ses qualités nutritives à une certaine quantité de substance animale que l'analyse chimique y
retrouve encore, après tant et tant de siècles!

C'est ainsi que les sciences modernes jettent les plus vives
lumières sur une foule de faits restés inexpliqués jusqu'à nos
jours.

IV

En suivant nos études progressives, si nous passons des organismes dont la ténuité est telle, qu'ils se dérobent absolument
à notre œil, à ceux dont la coquille approche de la grosseur
d'une tête d'épingle, nous reconnaissons que ces derniers ont
réellement présidé à des phénomènes géologiques qui tiennent
du prodige.

Tel est le cas des Milioles, petites coquilles qui doivent leur
nom à ce que leur volume ne dépasse pas celui d'un grain de
millet, et même est souvent moindre. Celles-ci étaient tellement nombreuses dans les mers parisiennes, qu'en se déposant
elles ont formé des montagnes, que l'on exploite aujourd'hui
pour la construction de nos villes. La plupart des pierres des
habitations de Paris ne sont même composées que de petites
carapaces de ces Mollusques[1], entassées et étroitement liées
entre elles; aussi peut-on dire, sans hyperbole, que notre
splendide capitale est bâtie en coquilles microscopiques.

Une observation de M. Defrance donne une idée de la petitesse de la Miliole des pierres, espèce dont est principalement
constitué le calcaire grossier employé à la construction. Il a
reconnu qu'une case de trois millimètres de large sur trois
millimètres de hauteur pouvait en contenir jusqu'à quatre-
vingt-seize !

---

1. Nous les désignons ici par le nom que leur ont donné longtemps les naturalistes. En réalité les Milioles et les Nummulites, dont il va être question, ont une
organisation beaucoup plus simple que les autres Mollusques et qui les rapproche
tout à fait des animaux microscopiques dont nous avons parlé plus haut sous le
nom de Protées.

Quels mystères enveloppent la vie de ces frêles coquilles, elles qui, malgré leur exiguïté, ont joué un si grand rôle dans les phénomènes telluriques de l'époque tertiaire! La nature révèle ici son infinie puissance, en regagnant par le prodige de la fécondité tout ce qu'elle perd par le volume. Aussi les vestiges de certains êtres microscopiques, comme l'a dit Lamarck, influent-ils beaucoup plus sur l'écorce du globe que les débris des éléphants, des rhinocéros et des baleines, dont la masse nous étonne!

Nous avons vu certains organismes invisibles ou quelques

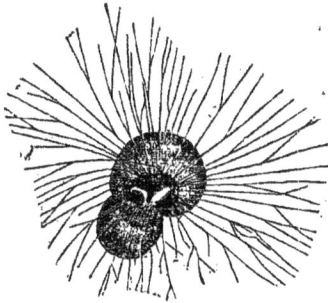

16. — Miliole amplifiée ayant sorti ses appendices capillaires.

coquilles microscopiques engendrer de puissantes roches stratifiées. Si maintenant nous nous occupons de Mollusques du même groupe que ces dernières, mais seulement un peu plus volumineux, des Nummulites, nous sommes encore plus étonnés des phénomènes grandioses auxquels ils ont autrefois donné lieu; nous les voyons produire de hautes et longues chaînes de montagnes.

Le nom de Nummulites provient de leur forme, qui est discoïde, aplatie, et rappelle celle d'une pièce de monnaie, *nummulus*. C'est à cet aspect qu'elles doivent aussi le nom de *pierres numismales*, sous lequel on les désigne vulgairement. Beaucoup de ces coquilles sont fort exiguës; d'autres fois elles parviennent jusqu'à la taille d'une lentille, semence à laquelle souvent elles ressemblent exactement.

Ces animaux ont aussi joué un grand rôle à diverses époques
géologiques. On les rencontre en quantité prodigieuse dans les
terrains secondaires et tertiaires; et ils ont tellement abondé
parmi les mers qui recouvrirent quelques-uns de nos conti-

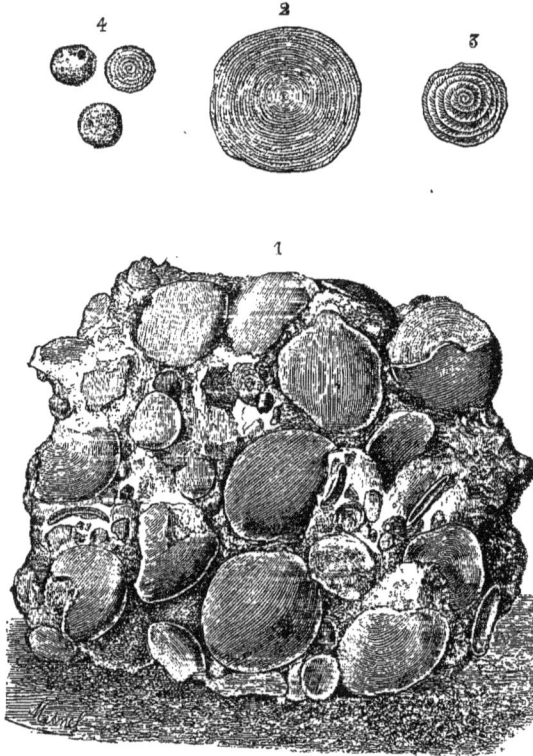

Fig. 17. — 1. Roche de la chaîne Arabique, formée de Nummulites agglomérées, ayant servi
à construire les pyramides d'Égypte. — 2-3. Nummulites vues à l'intérieur. — 4. Nummulites composant uniquement le Sphinx (chaîne Libyque).

nents, que, par leur simple agrégation, leurs carapaces calcaires forment d'imposantes aspérités.

Dans une vaste étendue, ces coquilles constituent absolument
toute la chaîne Arabique qui longe le Nil: là elles sont tellement nombreuses et tellement tassées, qu'il n'existe presque
aucune gangue pour les lier. Dans diverses régions de la Haute

Égypte que j'ai parcourues, le sol du désert ne consistait qu'en un épais matelas de Nummulites, dans lesquelles glissaient et s'enfonçaient profondément les pieds des voyageurs et des chameaux.

Paris, avons-nous dit, n'est bâti que de coquilles; il en est de même du Sphinx et des célèbres pyramides d'Égypte. Les immenses assises de ces dernières, dont l'art n'explique encore ni le transport, ni l'élévation à de si grandes hauteurs, proviennent de la chaîne Arabique, et ne sont uniquement formées que de Nummulites. Beaucoup de celles-ci ressemblent absolument à des lentilles par la forme et la taille, coïncidence qui a donné lieu à d'étranges méprises. Les siècles, en rongeant la surface de ces gigantesques monuments, en ont rassemblé d'énormes masses à leur base, où elles entravent la marche des visiteurs. A l'époque de Strabon on prétendait que ces débris n'étaient que les restes de la semence alimentaire abandonnés par les anciens ouvriers qui s'en nourrissaient, et fossilisés par l'action du temps. Mais le géographe grec a réfuté cette grossière tradition; et, dans sa description de l'Égypte, déjà il classe les Nummulites au nombre des pétrifications, en rappelant qu'il existe dans le Pont, son pays, des collines remplies de pierres d'un tuf semblable à des lentilles.

La pierre de Laon, souvent employée dans nos constructions, n'est également formée que d'amas de Nummulites.

Les extrêmes sont partout, avons-nous dit; nous les trouvons déjà dans les Mollusques, ces animaux déshérités de la création. Nous avons parlé de coquilles microscopiques : on peut en citer de colossales.

Une d'elles surtout a acquis une certaine célébrité à cause de sa taille et de l'usage particulier auquel on l'a consacrée : c'est la Tridacne gigantesque, désignée vulgairement sous le nom de *Bénitier*, parce qu'on l'emploie parfois dans nos églises pour contenir l'eau consacrée. Mais celles que l'on y voit sont loin de nous donner une idée de l'animal. Les grandes Tri-

Fig. 18. — Vue du Sphinx et de la grande pyramide d'Égypte. — D'après une photographie.

dacnes, que l'on ne détache des rochers qu'en coupant leur lien à l'aide de la hache, pèsent parfois plus de deux cents kilogrammes. Dans l'archipel des Moluques, ces géants de la conchyliologie ne sont pas rares. Ainsi que nos huîtres, auxquelles ils sont analogues, on les mange, et la chair de l'un d'eux peut suffire au repas de vingt personnes. Leurs épaisses

Fig. 10. — Tridacne géante, employée aux Moluques comme baignoire.

valves, qui acquièrent jusqu'à cinq pieds de longueur, deviennent pour les habitants de véritables auges calcaires, que la nature leur offre toutes taillées et toutes polies, et qu'ils emploient souvent, à ce que rapporte le voyageur Péron, pour donner à manger aux porcs et aux autres bestiaux; d'autres fois ils les transforment en petites baignoires pour leurs enfants.

Certaines Ammonites antédiluviennes avaient encore une taille plus gigantesque; Buffon en cite une dont le diamètre égalait celui d'une roue de voiture, et qui servait en guise de meule de moulin.

Enfin, si les gouffres de la mer ne nourrissent aucun de ces monstres dont les peuplait l'imagination de quelques vieux chroniqueurs, il est certain qu'on découvre parfois, dans l'Océan, des Mollusques d'une prodigieuse dimension, et dont la masse charnue n'a pas moins de cinq à six mètres de longueur, sans compter les bras qui en couronnent la tête. Tel fut le Poulpe qu'un aviso à vapeur, l'*Alecton*, rencontra en 1861 entre Madère et les îles Canaries. Son poids fut estimé à plus de 2000 kilogrammes; mais on ne put l'attaquer assez vive-

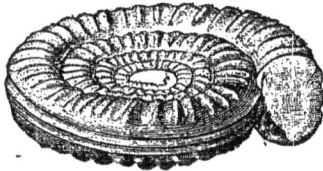

Fig. 20. — Ammonite fossile.

ment pour s'en emparer, le capitaine Bouyer, qui commandait le navire, craignant qu'il ne fît chavirer les chaloupes en les étreignant de ses formidables membres armés de ventouses. Il ne fut possible que de l'avoir par morceaux. Cette rencontre, qui impressionna vivement ce marin, lui fait terminer son récit par ces paroles :

« Depuis que j'ai de mes yeux vu cet animal étrange, je n'ose plus fermer, dans mon esprit, la porte de la crédulité aux récits des navigateurs. Je soupçonne la mer de n'avoir pas dit son dernier mot et de tenir en réserve quelques rejetons de ses races éteintes, ou bien encore d'élaborer, dans son creuset toujours actif, des moules inédits pour en faire l'effroi des matelots et le sujet des mystérieuses légendes des océans. »

Fig. 21. — Poulpe ou Colmar monstrueux rencontré par l'*Alecton*. — D'après un croquis de M. Rodolphe.

V

Quel mystérieux abîme exprime ce seul mot, la Monade!
Comme une arène en mouvement, cette impalpable poussière
d'animalcules, cette primaire intention créatrice, ne nous est
révélée que par le microscope; et encore ne l'apercevons-nous
seulement qu'en masse, car son individualité souvent nous
échappe.

L'extrême petitesse de la Monade semble l'appeler aux plus
intimes phénomènes de la vie. Que de fois la philosophie n'a-
t-elle pas considéré les manifestations les plus élevées de l'animalité comme n'en représentant qu'un assemblage!

En effet, ces Microzoaires étaient regardés par Buffon et
quelques autres naturalistes comme des *molécules organiques*,
dont l'agglomération, dominée par des lois déterminées, con-
tribuait à la formation des animaux et des plantes. Depuis l'immortel intendant du Jardin du Roi, Oken a soutenu la même
opinion, en professant que les grands animaux n'étaient que
des agrégations de Monades : idée qui, comme on le voit, paraît
n'être qu'un reflet de la fameuse hypothèse des atomes, que
nous devons à Leucippe, et qui, après avoir fleuri dans l'antiquité, est venue jeter ses dernières lueurs dans les écrits de
Képler et de Descartes.

Les Monades, ces véritables atomes vivants, ne s'aperçoivent
qu'à l'aide des plus forts grossissements, tant leur petitesse
est extrême. On les rencontre dans toutes les macérations animales ou végétales, et souvent en nombre si prodigieux, qu'elles
semblent se toucher toutes, dans la goutte de liquide où elles

s'agitent; on s'étonne qu'elles ne s'y étouffent pas mutuellement : une seule en contient parfois plus qu'il n'y a d'habitants sur le globe.

Ces animalcules sont souvent punctiformes et n'offrent aucune organisation intérieure. Cependant, chez certaines espèces,
Ehrenberg, ce véritable prince des micrographes, crut reconnaître qu'elles ingéraient des substances alimentaires. Sur
d'autres on aperçoit un long filament mobile.

Nous n'avons pas besoin de dire ici que ces animalcules
n'ont aucun rapport avec les Monades imperceptibles qui ont
joué un si grand rôle dans la philosophie, depuis Épicure jusqu'à Leibniz, et que celui-ci, dans sa *Monadologie*, définissait
comme une substance simple, n'ayant ni étendue, ni figure,
ni divisibilité possible, et ne représentant que les éléments des
choses.

VI

Certains savants veulent absolument en rester au siècle dernier : il leur faut du merveilleux! Ils acceptent sans hésitation les charmantes historiettes dont les physiologistes rhéteurs d'alors enjolivaient leur commerce épistolaire, où l'esprit et l'hyperbole s'escaladaient tour à tour. Quand la précision de nos instruments a centuplé l'exactitude des recherches, ces savants s'obstinent encore à nous reporter à une époque à laquelle l'expérimentation sortait à peine de ses langes.

Les uns, avec les abbés Spallanzani et Fontana, admettent que des momies peuvent ressusciter : monstrueuse hérésie scientifique! Pour d'autres, la légende du Phénix n'a pas cessé d'être une réalité; ils croient que certains Infusoires sont incombustibles!

On fit un jour à Paris l'expérience qui suit. Un zoologiste plaça sur la boule d'un thermomètre du terreau contenant un certain nombre de petits animaux microscopiques nommés Tardigrades, à cause de l'extrême lenteur et de la maladresse de leur marche. L'instrument fut ensuite plongé dans une étuve; et, lorsque le mercure s'y fut élevé de 145° à 155°, on le retira. Ensuite, à l'aide de précautions convenables, on ranima les animalcules qui se trouvaient sur sa boule.

Tous les assistants conclurent de cette expérience que les Tardigrades jouissaient presque de l'incombustibilité, et qu'ils résistaient à merveille à une température de 145° et même de 155°.

Le miracle de ces nouveaux enfants de la fournaise s'est

amoindri à mesure qu'on l'a mieux étudié; comme il en a été de la taille des Patagons, à mesure aussi qu'on les a plus fréquentés.

Les Tardigrades avaient, il est vrai, été plongés dans une étuve chauffée de 145° à 153°. Mais, s'ils en étaient sortis vivants, c'est que jamais leur corps n'avait, en réalité, subi cette brûlante température, qui eût suffi pour coaguler leurs humeurs et tarir toutes les sources de la vie. Le thermomètre, d'une extrême sensibilité, avait acquis rapidement le degré du milieu dans lequel on l'avait plongé; mais tout le terreau qui le recouvrait, étant mauvais conducteur de la chaleur, n'était pas arrivé, tant s'en faut, à cette température : ainsi s'expliquait le prétendu prodige.

Il n'y avait qu'une trompeuse apparence. Nous voyons parfois, dans les foires, des saltimbanques incombustibles, mais personne ne se méprend sur les véritables limites de notre résistance vitale. Les physiologistes citent une observation de M. Berger, qui a vu un homme rester sept minutes dans une étuve chauffée à 109°, c'est-à-dire qu'il endurait une température supérieure de 9° à celle qu'il eût soufferte s'il eût été plongé dans une cuve d'eau bouillante!... Une jeune fille, citée par un autre savant, résistait même dix minutes à une température tout aussi élevée. J'ai été témoin d'un fait encore bien plus extraordinaire. Dans un de mes voyages en Angleterre j'ai vu un homme se promener plusieurs minutes dans une longue tonnelle de feu, représentant le plus formidable brasier flamboyant qu'on puisse imaginer[1].

Le cas des Tardigrades incombustibles était le même dans la

---

1. L'homme dont il est question faisait des expériences publiques à Londres, au jardin de Cremorne. Ce véritable *phénix humain* se promenait paisiblement sous une longue tonnelle de feu disposée en croix, et ayant une ouverture à l'extrémité de chacune de ses branches. Cette tonnelle, formée d'un solide treillage en fer, dont la voûte s'élevait peu au-dessus de la tête de l'expérimentateur, était recouverte d'un amas de bois résineux. L'homme-salamandre y commença ses promenades quand le tout forma un brasier dont la flamme s'élevait à une hauteur considérable, et dont la chaleur était telle, qu'elle nous força à nous tenir à une notable distance.

trop célèbre expérience. Ainsi que les personnes dont il vient d'être question, s'ils sortirent encore vivants de leur étuve à 153°, c'est que jamais sa température ne les avait atteints, car elle les eût infailliblement brûlés.

Des vêtements habilement confectionnés préservaient complètement les saltimbanques de la température mortelle qu'ils ne bravaient qu'en apparence; chez les Tardigrades, le terreau remplaçait le vêtement. Comme le dit avec beaucoup de raison le savant Ehrenberg, le sable et la mousse garantissent aussi bien les animalcules contre la dessiccation, qu'un épais manteau de laine garantit l'Arabe de la chaleur brûlante du soleil.

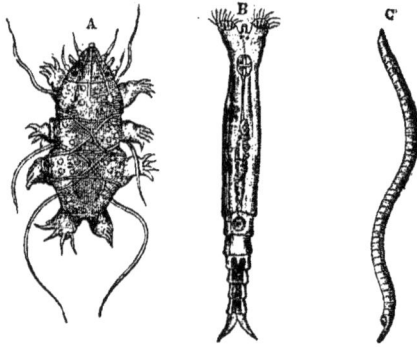

Fig. 22. — Animalcules considérés comme ressuscitants. A, Tardigrade. B, Rotifère. C, Anguillule.

Ce court préambule suffit pour renverser nettement l'incombustibilité des Tardigrades : la raison la réprouve, l'expérience la condamne.

Mais on s'est beaucoup plus attaché aux résurrections; c'était, en effet, infiniment plus merveilleux.

Ce phénomène triplement erroné fit le charme et les délices de toute une époque; nos pères s'en divertissaient, et les savants en amusaient leurs crédules élèves. Dans leur correspondance, Spallanzani et Bonnet y revenaient sans cesse. Le premier intitulait même un des chapitres de son important ouvrage : *Animaux qu'on peut tuer et ressusciter à son gré*, titre qui ne manquait pas d'être attrayant pour les lecteurs et de piquer au plus haut degré leur curiosité.

Cependant, parfois aussi, Spallanzani semblait avoir de sérieux scrupules au sujet de cette reviviscence, car il dit, dans un certain endroit de ses œuvres, qu'elle constitue *la vérité la plus paradoxale que nous offre l'histoire du règne animal, et qu'on ne saurait montrer trop de crainte et de défiance contre des vérités de cette nature.* C'est fort sensé.

Cette étrange et brûlante question surexcita vivement les passions, et l'on peut dire que depuis un siècle elle a allumé une guerre acharnée au sein du monde savant. Des noms célèbres figurent dans les deux camps, et la paix n'est pas encore tout à fait signée.

Il y eut d'abord un grand engouement pour les résurrectionistes. L'abbé Spallanzani, qui marcha résolument à leur tête, bravant le purgatoire et les foudres du Vatican, faisait de nombreux prosélytes et opérait devant qui que ce fût. Mais, au contraire, Fontana, l'un de ses adhérents, restait plus timoré et, avec beaucoup de raison, reculait devant les conséquences qui découlent naturellement des résurrections. Il n'expérimentait que dans l'ombre et en cachette, avec des amis de confiance lorsqu'ils passaient à Florence. « Il n'ose point écrire sur ce sujet, nous dit le spirituel Dupaty; il craint d'être excommunié. Tout le pouvoir du grand-duc ne le sauverait pas. »

En effet, derrière les résurrections se dresse le matérialisme. Rendre la vie à un être mort en l'imbibant d'un peu d'eau, n'est-ce pas en subordonner l'existence aux puissances chimico-physiques? N'est-ce pas le comble de la plus grande hérésie qu'il soit possible de professer?

Le révoltant paradoxe soutenu par le physiologiste de Pavie ne laissait pas toujours sa conscience tranquille; et, en proie à des doutes et à des remords, il semblait avoir besoin de s'en justifier : « Un animal qui ressuscite après sa mort, et qui ressuscite autant qu'on veut, est, disait-il, un phénomène aussi inouï qu'il paraît invraisemblable et paradoxal; il confond toutes nos idées sur l'animalité ». L'illustre abbé n'a jamais parlé avec plus de raison.

La crédulité antique était plus sage que la science moderne. Pline disait que le Phénix ne ressuscitait qu'une seule fois. et nos palingénésistes d'aujourd'hui prétendent renouveler la reviviscence des Rotifères au gré de leurs désirs!

Trois animalcules ont principalement acquis de la célébrité dans les annales des résurrectionnistes : ce sont les Rotifères. en première ligne; puis les Tardigrades et les Anguillules des toits.

Les premiers sont réellement de bien curieux animaux microscopiques. On les reconnaît, aussitôt qu'on les voit, à deux espèces de disques qu'ils étendent au-devant de leur corps, et dont les bords ciliés représentent fidèlement de petites roues dentelées en mouvement, ce qui les faisait vulgairement appeler *porte-roues*. Ils vivent en abondance dans le terreau des mousses qui se cramponnent sur les vieilles tuiles de nos toits. Leur existence souffre là une foule d'alternatives. Quand il fait humide, et que leur sol est détrempé d'eau attiédie par la chaleur, les Rotifères sont agiles, vivaces et courent partout pour trouver leur nourriture. Mais, si le soleil ardent échauffe la toiture et dessèche les mousses, pendant tout le temps que cela dure, ils se ratatinent, se contractent en boule et restent dans cet état, absolument inanimés, jusqu'à ce que les pluies reviennent.

Ce genre de vie, prédisposant ces animaux à passer un temps considérable contractés et immobiles, a fait croire qu'alors ils étaient morts. On y était d'autant plus trompé qu'aussitôt qu'on les met dans une goutte d'eau, ils se gonflent, se raniment et reprennent leur existence active. C'est ce fait très simple que les palingénésistes ont pris pour une résurrection. Cette prétendue reviviscence n'est cependant que le phénomène que nous montre le Limaçon que l'on place dans un endroit sec, et qui s'enfonce dans sa coquille jusqu'à ce que vous lui rendiez un peu d'humidité.

On prétendait que le Rotifère contracté était absolument sec, et par conséquent mort. Nullement. Si vous le faites réellement sécher, jamais il n'en revient.

C'était dans le laboratoire du muséum d'histoire naturelle de Rouen que devait s'évanouir le prestige des résurrections. Plusieurs de mes élèves ont concouru avec moi à ramener la science à des vues rationnelles. Le professeur Pennetier, dans des travaux remarquables, a démontré que les Anguillules ne ressuscitent pas. M. Tinel l'a fait pour les Tardigrades, et moi en ce qui concerne les Rotifères.

Cependant, si, devant des expériences sévères, le prestige de la palingénésie s'évanouit, nous devons convenir que les Rotifères possèdent réellement une résistance vitale extraordinaire, presque prodigieuse. Dans du terreau conservé pendant deux ou trois ans, nous les voyons encore s'allonger et se ranimer quand nous les mettons en contact avec quelques gouttes d'eau.

Plusieurs autres animaux présentent aussi une vitalité qui n'est pas moins remarquable que celle des Rotifères. Cependant, comme ils sont trop gros pour en imposer, on ne dit pas d'eux qu'ils ressuscitent, mais seulement qu'ils peuvent rester plusieurs années sans manger. Divers Mollusques de la tribu des Limaçons se trouvent dans ce cas, à cause de la facilité avec laquelle ils s'enfoncent et s'abritent dans leur coquille.

Des Maillots qu'on avait oubliés dans une boîte y sont restés pendant quatre ans, appliqués sur ses parois et dans l'immobilité de la mort. La fraîcheur d'un peu de nourriture qu'on leur offrit les tira de leur torpeur et les rappela à la vie. Mais ces faits, dont on trouve un assez bon nombre dans les ouvrages des naturalistes, les résurrectionnistes se gardent bien de les citer, de peur de compromettre leur système; c'est une faiblesse qu'on peut leur reprocher.

L'histoire de la résurrection des Rotifères est assurément la même. Si après un long jeûne ils se raniment, c'est qu'ils ne sont pas plus morts que les Mollusques dont il vient d'être question. Comme eux, enfermés sous leur enveloppe, et encore plus hermétiquement peut-être, leur vie, dans cet état de contraction, ne s'entretient que parce que leurs organes, loin d'être morts et desséchés, conservent encore assez de fluides pour que l'existence ne s'éteigne pas. Quand ils sont réellement secs et morts, aucun semblant de résurrection n'est possible. Ressusciter une momie est un triple non-sens physique, physiologique et métaphysique :

Physique, parce que tous ceux qui ont vu une momie ne supposeront jamais que des tissus tant dilacérés par la dessiccation puissent retrouver leur aspect et leurs propriétés sous l'influence de l'humectation;

Physiologique, parce que des organes tellement altérés ne pourraient nullement reprendre leurs fonctions;

Enfin, métaphysique, parce que, si quelques parcelles d'eau pouvaient rendre à une momie tous les insaisissables ressorts de la pensée et de la vie, ce serait le comble du plus incompréhensible matérialisme : le Phénix n'a qu'une existence mythique, et à la voix d'Élie les morts ne sortent plus de leurs tombeaux.

Tout naturellement, les physiologistes qu'on vit, à l'exemple des premiers observateurs, assimiler les animalcules microscopiques à des morceaux de gélatine vivante, acclamèrent la palingénésie.

Au contraire, les hommes qui s'illustraient par d'immortels travaux micrographiques réduisaient au néant cette inconcevable hypothèse : tels furent Ehrenberg et Diesing. Le premier, en m'écrivant, caractérisait d'un seul trait l'erreur des savants que nous combattons : *ils ne ressuscitent*, me disait-il, *que des animaux qui ne sont pas morts.*

Mais, si le prestige de la reviviscence a dû s'évanouir en présence du raisonnement et de l'expérimentation, il faut avouer qu'un concours de circonstances extraordinaires a pu facilement égarer les observateurs.

Quoique forcé aujourd'hui de biffer le charmant roman de la palingénésie, dont s'amusèrent tant nos devanciers, nous devons cependant dire que, si les Rotifères ne ressuscitent pas

quand ils sont bien morts, leur ténacité vitale est l'un des plus
extraordinaires phénomènes de la physiologie. Leur résistance
au froid est réellement merveilleuse; où s'arrête-t-elle? on
n'en sait rien. La température la plus basse que nous puissions
obtenir dans nos laboratoires semble n'avoir sur eux aucun
effet. J'ai vu ces animaux résister à un froid qui tuerait cent
fois un homme. Des Rotifères plongés pendant trente minutes
dans des appareils où la température était de 40° au-dessous
de zéro en sortaient parfaitement vivants.

L'histoire des Rotifères est un étonnement d'un bout à
l'autre. Parfois je les enlevais brusquement de ces appareils
de réfrigération et les jetais immédiatement dans une étuve
chauffée à 80°. Quand ils sortaient de celle-ci, en les plongeant
dans l'eau on pouvait les voir se ranimer et courir pleins de
vie. Dans cette double et si redoutable épreuve du passage du
froid au chaud, ces Microzoaires avaient brusquement franchi
120° du thermomètre centigrade sans s'en trouver le moins du
monde incommodés.

Un bœuf ne ferait pas impunément ce que font d'imperceptibles animalcules.

VII

Ces deux noms semblent former une antithèse; cependant celle-ci, en philosophie naturelle, n'est pas aussi absolue qu'on le suppose d'abord, puisque parfois l'un de ces corps dérive de l'autre.

Mais quels rapports peuvent avoir nos molles et flexibles Éponges avec ces durs cailloux dont le briquet tire des étincelles? Nous allons le voir.

Depuis Aristote jusqu'à nos jours on n'a jamais su à quel règne rapporter les premières. Il y a peu de temps, quelques naturalistes les considéraient encore comme des végétaux; maintenant on les range parmi les animaux. Il y avait même une troisième opinion, c'est celle qui consistait à les regarder comme tenant à la fois des deux règnes.

Toute Éponge ne se compose que d'une masse d'apparence gélatineuse, soutenue par un lacis inextricable de filaments cornés, ou plus rarement par une bâtisse calcaire ou siliceuse.

Les Éponges représentent un des plus bas termes de l'animalité! Elles se présentent, il est vrai, à nos yeux sous des formes fort distinctes, mais rien en elles ne nous révèle l'individualité de leur architecte. Celui-ci se confond en une seule masse glaireuse, dont les ondulations sont presque insensibles; tandis que les derniers des Infusoires, les Monades elles-mêmes, ont un contour parfaitement circonscrit et sont doués d'une vive locomotion.

La vitalité des Spongiaires est des plus obscures. On n'aperçoit en eux aucun organe, quoiqu'ils aient en eux toutes les parties qui constituent ordinairement les organes, mais dans une confusion étrange. Par suite les Éponges sont les êtres les plus polymorphes de l'animalité ; on en rencontre de toutes les formes, de toutes les dimensions, de toutes les couleurs.

Les unes se ramifient à l'instar des arbres ; beaucoup ressemblent à un entonnoir ou à une trompette ; d'autres se divisent

Fig. 23 — Gant de Neptune.

en lobes imitant de gros doigts, ce sont les *Gants de Neptune* ; il en est qui sont connues sous les noms de *Manchons* et de *Cierges de mer*, à cause de leur forme.

Un genre voisin fournit comme de véritales Eponges monumentales. Celles-ci s'élèvent d'un à deux mètres sur les rochers sous-marins. Elles présentent un pied rétréci, qui, à une certaine hauteur, s'évase largement et donne à l'œuvre la forme d'une coupe régulièrement creusée et absolument semblable à

un immense verre à boire. A un tel et si colossal vase, l'imagination des marins ne pouvait donner qu'un seul nom, celui du
redoutable dieu de la mer; ce vase vivant est la *Coupe de Neptune!*

Fig. 24. — Coupe de Neptune (Muséum de Rouen).

Je ne vois jamais l'une de ces gigantesques Éponges sans m'incliner devant la sagesse providentielle. Cette vraie production
monumentale n'est érigée que par une sorte de gelée vivante
dont aucun nerf, aucun muscle ne relie les différentes parties,
placées quelques-unes à un mètre de distance. Qui donc dirige

et conduit cette gelée intelligente, pour donner à sa construction
une si harmonieuse symétrie? Quand le pied étroit est terminé,
qui annonce à cette masse informe que désormais on va devoir
l'élargir? Qui donc l'avertit quand le moment de creuser le vase
est arrivé? quand il faut en amincir les bords ou en orner l'extérieur d'élégantes côtes? Enfin, quelle aspiration suprême indique
à cette gélatine vivante qu'il faut cependant mouler la coupe
dans ses proportions artistiques?

Je conçois l'Abeille fabriquant son alvéole; je conçois sa prévoyance et l'ordonnance générale d'un travail dont les artisans,
si nombreux qu'ils soient, peuvent se voir, se communiquer et
s'entendre; mais j'avoue que tout me semble incompréhensible
dans l'œuvre architectonique de la Coupe de Neptune. Mon
esprit s'abîme et se confond. Cette magnifique construction
est le plus beau défi que l'on puisse jeter à l'école du matérialisme. Les sciences physico-chimiques expliquent-elles comment
les parties de cette masse vivante se correspondent pour l'achè-
vement de leur habitation commune, car il faut absolument
qu'elle soit régie par une idée dominante? Nullement : tout est
impuissance dans ces orgueilleuses théories dont aujourd'hui
l'audace fait seule la fortune.

Si nous avons rapproché le Silex et l'Éponge, l'une de nos
plus dures pierres de l'un des animaux les plus mous, c'est
que le premier semble parfois n'être qu'une transformation de
l'autre.

Certaines Éponges, au lieu d'avoir une bâtisse molle et cornée, ne sont composées que d'alvéoles faits d'un enchevê-
trement de fibrilles siliceuses. Aussi, loin d'offrir la flexibilité
de celles que nous employons vulgairement, elles sont excessivement fragiles, et la moindre pression les brise comme du
verre.

Telles sont beaucoup d'Éponges retirées des grandes profondeurs de la mer, parfois hérissées d'épines siliceuses qui
semblent destinées à les défendre contre l'approche des multi-
tudes de petits animaux auxquels l'Éponge immobile et vivante

doit sembler une proie facile. D'autres, comme l'Holtenia de
Carpenter, semblent porter un chevelu de fils de verre qui

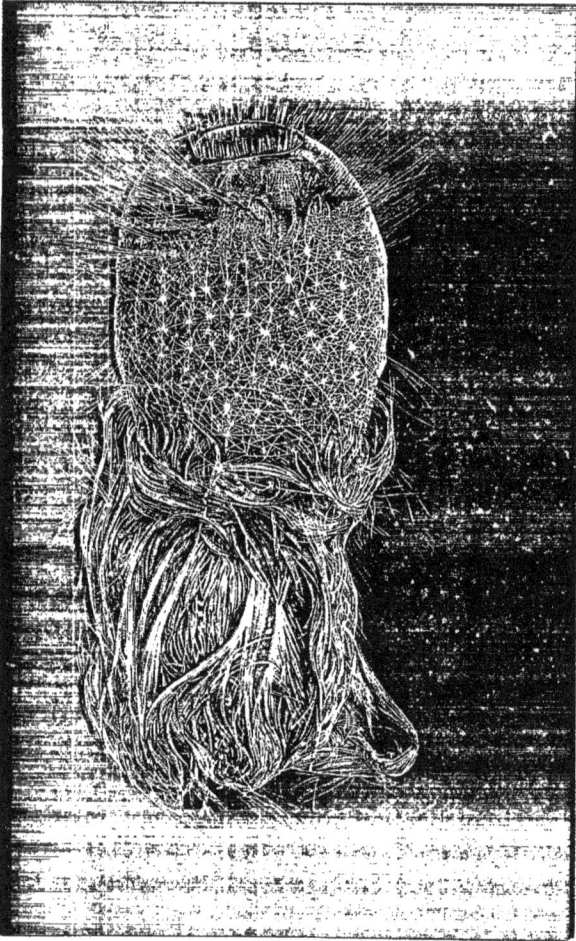

Fig. 25. — *Holtenia Carpenteri*, Éponge siliceuse des grandes profondeurs.

s'enfonce dans la vase et par lequel ces Éponges sont fixées au
fond de l'eau dans des régions de l'Océan où l'on ne trouve pas
une roche, pas une pierre sur lesquelles elle pourrait prendre
un point d'appui solide.

L'animal emprunte cette silice aux eaux de la mer. Il y a donc un point de contact entre l'Éponge molle et le dur Silex. Quelques géologues ont même pensé qu'une partie des couches siliceuses qu'on rencontre dans les terrains crayeux pouvait provenir des Éponges ayant habité les mers primitives du globe. Sans aller jusque-là, on peut du moins se figurer cette silice des mers crétacées que nous retrouvons sous forme de rognons et de pierre à fusil, comme ayant autrefois fourni de fines charpentes aux Zoophytes qui nous occupent.

Ainsi s'établissent les rapports d'un des organismes les plus frêles de la création et de l'une de ses roches les plus dures : de l'Éponge et du Silex.

LIVRE II

--- --- ----

LES ARCHITECTES DE LA MER

Lorsque la philosophie antique, avec Thalès, prétendait que
tout était sorti de la mer, elle était parfaitement dans le vrai.

La mer est d'une fécondité dont n'approche nullement la
terre, et chacune de ses gouttes est un monde rempli d'animation : ses magnificences sont telles, que, comme le disait
Christophe Colomb, « la parole et la main ne peuvent suffire à
les décrire ». La vie s'y manifeste partout ; elle anime ses plus
ténébreux abîmes et s'étale profusément à sa surface. Ainsi
que nous l'avons vu, à 4000 mètres de profondeur on en
trouve encore de frêles représentants ! D'autres ne se plaisent
qu'au milieu des vagues : tel est le Fucus nageant, qu'on voit
y former d'immenses prairies qui arrêtent les navires.

Le plus considérable de ces bancs de Fucus se trouve sur la
route des navigateurs lorsqu'ils se rendent d'Europe en Amérique, au sud des Açores, entre les Canaries et les Antilles. Il
en est déjà question dans les traditions phéniciennes : on y parle
d'une *mer herbeuse* ou *gélatineuse* située au delà des Colonnes
d'Hercule. Aristote dit même qu'effrayés par son aspect, les plus
hardis marins de l'antiquité n'osaient en franchir les limites.

Cette immense plaine d'Algues semblant lier les vagues faillit

empêcher la découverte de l'Amérique. La marche des vaisseaux
de Colomb s'y trouvant fort entravée, les équipages, effrayés et
craignant de ne jamais pouvoir en sortir, se révoltèrent en
demandant impérieusement à rétrograder vers leur patrie.

Un phénomène infiniment remarquable par rapport à ce
banc de Fucus flottants, qui a peut-être cinq à six fois l'étendue de la France, c'est sa constance dans un lieu donné, depuis tant de siècles, malgré l'agitation perpétuelle des flots :
il est maintenu en place par suite d'un immense remous que

Fig. 26. — Fucus nageant (*Sargassum bacciferum*, Agard).

forment au milieu de l'Atlantique les différents courants qui
en transportent les eaux de l'Amérique sur les côtes d'Europe
et des parages du Sénégal à l'archipel des Antilles[1].

1. « Si, dit Mauri, l'on jette dans un vase rempli d'eau des morceaux de liège,
des balles de céréales ou tout autre corps flottant, et que l'on imprime à l'eau un
mouvement de rotation, tous ces corps légers se rassembleront vers le centre, parce
que l'eau y est moins agitée qu'ailleurs. Il en est de même pour ce qui concerne
l'océan Atlantique : seulement, c'est un vase de dimensions plus grandes. Ses eaux
sont mises en mouvement en partie par le courant colossal du *Golfe*, qui s'étend
depuis l'Inde occidentale jusqu'aux confins de la mer Glaciale du Nord, en partie
par le courant équatorial qui traverse l'océan Atlantique depuis l'Amérique jusqu'à
l'Afrique. Le point central en repos est à peu près où se trouve ce banc d'Algues en
question. On comprend ensuite qu'il n'est point nécessaire que ces Algues croissent
là où on les rencontre; il est même beaucoup plus vraisemblable qu'elles sont
chassées des rives agitées vers le paisible centre du bassin Atlantique. »

I

Considéré comme l'une des plus splendides productions de la mer, le Corail, déjà célébré dans les chants d'Orphée, a vu sa vogue traverser les siècles sans jamais s'affaiblir. Les Gaulois et les Indiens en décoraient leurs glaives et leurs armures de guerre. Aujourd'hui il n'est plus employé que pour la parure des femmes : là, les filles de la Nubie surchargent de longs colliers de corail leurs épaules d'ébène; ailleurs, l'éclat rutilant de ces colliers fait ressortir la blancheur satinée du cou des belles Circassiennes.

Mais, ce Corail, si anciennement renommé, il a fallu plus de vingt siècles de tâtonnements incessants pour en dévoiler la mystérieuse nature.

C'est un Polypier branchu, d'une belle couleur rouge, qui offre la dureté des roches les plus compactes et, comme elles, est susceptible de recevoir un beau poli. Quand on le retire de la mer, dont il habite seulement les eaux profondes, il ressemble absolument, par la disposition de ses rameaux, à un arbuste en miniature; et la coupe de sa tige, elle-même, présente des couches concentriques analogues à celles de certains végétaux. Ses branches sont couvertes d'une écorce rose et molle, et elles offrent de place en place de petits trous dans chacun desquels réside l'un de leurs constructeurs. Ceux-ci sont autant de Polypes, qui, lorsqu'ils viennent à s'épanouir, ont toute l'apparence de jolies petites fleurs d'un assez beau blanc, à huit divisions étalées comme des rayons, et dont les bords sont élégamment découpés.

Ce fut cette trompeuse apparence qui fit tant osciller les naturalistes relativement à la nature du Corail.

Son extrême dureté et le beau poli qu'il peut prendre le firent considérer comme un simple minéral par quelques observateurs.

Mais l'idée qui parut dominer toutes les autres, c'était que le Corail ne représentait qu'un arbrisseau sous-marin. Telle fut l'opinion de Pline et de Dioscoride; et ces deux érudits, en le

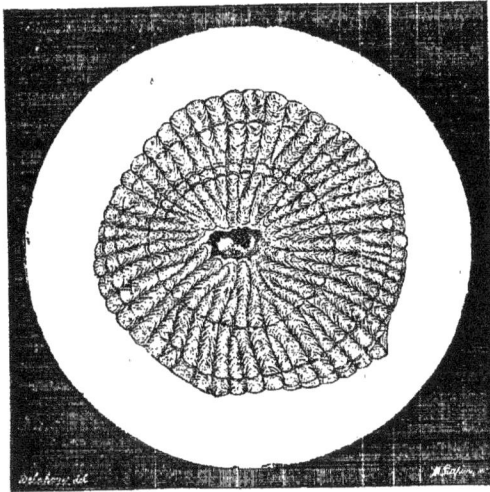

Fig. 27. — Coupe de la tige du Corail rouge. — D'après une préparation de M. Poteau.

voyant si dur et si compact, ajoutaient même que cet arbrisseau ne nous apparaissait avec une telle consistance que parce qu'il se pétrifiait subitement en sortant des flots, lorsque l'air le frappait.

Tournefort, ce voyageur si judicieux, ne tira, à ce sujet, aucun avantage de ses pérégrinations en Orient, la patrie du célèbre Polypier. Il le considéra aussi comme une plante et le fit même figurer, à ce titre, dans l'une des planches de son magnifique ouvrage. Il y est placé dans la vingt-deuxième classe du règne végétal, parmi la section qu'il intitule : *Des herbes marines ou fluviatiles desquelles les fleurs et les fruits sont inconnus du vulgaire.*

Un moment, mais seulement un moment, hélas! l'opinion du botaniste français parut reposer sur la plus stricte observation. Durant le dix-huitième siècle, le comte de Marsigli annonça au monde savant qu'il venait de découvrir les fleurs du Corail, et que, par conséquent, sa nature végétale ne pouvait plus être mise en doute. En plaçant des branches de ce Polypier dans de l'eau de mer, immédiatement après qu'elles venaient d'être

Fig. 28. — Corail (*Corallium rubrum*, Lam.).

pêchées, l'observateur italien avait vu les espèces de bourgeons qui couvrent leur surface s'épanouir comme autant de fleurs à huit pétales, formées de gentilles petites corolles blanches et étoilées, qui se dessinaient sur l'écorce rougeâtre des tiges. Marsigli n'en doutait plus; c'étaient là les fleurs de l'arbrisseau paradoxal : il avait résolu le problème dont la solution avait été laissée douteuse par Tournefort. Dans sa joie, en proclamant sa découverte dans le sein de l'Académie des Sciences et en lui faisant passer les pièces de conviction, il écrivait au président : « Je vous envoie quelques branches de Corail, *couvertes de fleurs blanches*. Cette découverte m'a fait presque passer pour sorcier dans le pays, personne, même les pêcheurs, n'ayant rien vu de semblable. »

L'illustre compagnie savante fut convaincue. Mais ses convictions et la quiétude de Marsigli ne devaient avoir qu'une courte durée. Peu de temps après le moment où l'on avait cru avoir mis enfin le doigt sur la vérité, un médecin français, Peyssonnel, qui en 1725 parcourait les côtes de la Barbarie, ayant assisté à la pêche du Corail et fait sur celui-ci de longues recherches, découvrit que ces prétendues fleurs n'étaient qu'au-

Fig. 29. — Polypes du Corail plus grossis.

tant de petits animaux ou Polypes analogues à ceux des Madrépores, et qui, comme eux, bâtissaient le faux arbrisseau pierreux.

Convaincu de l'exactitude de ses observations, Peyssonnel, à son tour, en fit part à l'Académie des Sciences. Mais celle-ci, encore fascinée par les fleurs de Corail que le comte italien lui avait adressées, n'ajouta aucune confiance aux découvertes du médecin français, et l'évinça de la façon la plus gracieuse.

Réaumur, ayant été chargé par ce corps savant de faire un rapport sur cette découverte, crut, *par ménagement*, comme il le dit, n'en pas devoir nommer l'auteur. Et c'était avec un ton mêlé d'ironie et de compassion qu'il en écrivait à celui-ci, en lui accusant réception de son mémoire. Ce qu'il y eut encore

Fig. 30. — Pêche du Corail dans la Méditerranée.

de plus impardonnable, ce fut l'attitude du calme et conscien-
cieux Bernard de Jussieu. Il adressa à Peyssonnel une lettre
exempte de cette raillerie badine, qui n'était nullement dans son
caractère, mais tout aussi décourageante que celle de l'historien
des Insectes. De Jussieu était cependant beaucoup plus coupable,
car le plus superficiel examen des prétendues fleurs du Corail
lui eût démontré l'erreur. Tout ce que l'appareil floral a de fon-
damental y manquait; mais, paraît-il, le botaniste ne se donna
pas la peine d'y regarder.

L'affaire eut un grand retentissement, et bon gré mal gré il
fallut bien la débrouiller. Puis, au moment où la lumière se fit,
on s'aperçut enfin que c'était le simple médecin de province qui
avait raison contre l'Académie. Les fleurs du Corail n'étaient que
des Polypes, et l'arbrisseau pierreux, un Madrépore, sculpté et
façonné par de tout petits animaux marins.

Telle est la vérité relativement à la nature du Corail; revenons
sur une autre erreur, qui avait été comme le complément de la
première.

On ne concevait pas trop comment un corps si dur pouvait
cependant n'être qu'un tissu végétal. Les pêcheurs, se rapportant
à la tradition ancienne, expliquaient parfaitement la chose, et
tout le monde ajoutait foi à leurs paroles. Ils prétendaient aussi
que, sous l'eau, l'arbrisseau marin n'avait que la consistance de
toutes les plantes terrestres analogues, mais qu'il durcissait
subitement au contact de l'air. Cette étrange opinion était profondément enracinée parmi les masses et rangée au nombre des
faits les plus avérés.

Cependant M. de Nicolaï, qui était inspecteur des pêches,
voulut tout vérifier.

Il fit plonger un de ses corailleurs, afin qu'il vérifiât quelle
était la consistance du Polypier. Celui-ci rapporta que, dans
la mer, le Corail avait la même dureté qu'à l'air. Mais tel
était l'empire du préjugé, que M. de Nicolaï ne crut qu'à
demi son employé. En définitive, il se décida aussi à plonger
pour s'assurer lui-même du fait, et il reconnut alors qu'au

milieu des flots le Polypier possède réellement toute sa consistance.

Ainsi on a oscillé deux mille ans, chose désespérante, avant
de parvenir à déterminer la véritable nature du Corail.

Il a fallu tout ce temps pour établir que celui-ci n'est qu'un
simple Polypier marin, et que, dans les gouffres de la mer qu'il
habite, et où les pêcheurs vont l'arracher avec leurs filets, il est
tout aussi dur que quand il forme ces bracelets ou ces riches
colliers dont le vermillon fait un si charmant contraste avec la
blanche peau de nos femmes les plus gracieuses[1].

1. La pêche de ce Polypier offre d'assez amples bénéfices quand elle est bien
dirigée, le Corail étant toujours fort recherché pour la toilette et d'un prix très
élevé. D'après des documents administratifs il résulte qu'en 1853, sur les seules
côtes de Bône et de la Calle, on a pêché 35 800 kilogrammes de ce précieux Polypier,
qui, vendus à raison de 60 francs le kilogramme, ont fourni 2 148 000 francs.

II

LES CONSTRUCTEURS D'ILES

Sans que nous nous en doutions, des myriades d'animaux, plus nombreux que la poussière d'étoiles de la Voie lactée, travaillent silencieusement dans les profondeurs de la mer, et y accomplissent des travaux dont la masse nous stupéfie. Leurs constructions, auxquelles les navigateurs donnent vulgairement le nom de *bancs de coraux*, s'élèvent parfois avec une rapidité étonnante, en rendant impraticables des parages de l'Océan que les vaisseaux traversaient précédemment à pleines voiles.

Ces bancs sous-marins ne sont autres que des Polypiers calcaires, que construisent de frêles animaux assez semblables à de toutes petites fleurs, et qui habitent les nombreux trous dont leur surface est constellée. Mais ces obscurs ouvriers, aussi modestes que laborieux, se dérobent fréquemment à l'œil; pour les voir, il faut appeler la loupe à son secours.

C'est principalement dans la mer du Sud et dans la mer Rouge que ces Polypiers abondent. Aux abords des îles Maldives ils forment des masses sous-marines extraordinaires, qui, au rapport des voyageurs, n'ont pas moins d'étendue que les Alpes.

D'après le voyageur américain Dana, le nombre des grandes îles coralligènes de l'océan Pacifique s'élève aujourd'hui à 290; et leur ensemble atteint une superficie de 50 000 kilomètres carrés : énorme travail, qui équivaut peut-être à la huitième partie de la surface des autres îles de cette vaste mer.

Après avoir décrit avec soin les procédés par lesquels les Polypes élèvent ces dangereux récifs, si funestes aux navigateurs, R. Owen résume ainsi l'importance de leur œuvre : « La prodigieuse étendue du travail combiné et incessant de ces petits architectes doit être envisagée pour concevoir leur rôle important dans la nature. Ils ont bâti une barrière de récifs de 400 milles[1] de longueur autour de la Nouvelle-Calédonie, et une autre, qui va le long de la côte nord-est de l'Australie, de 1000 milles de longueur. Cela représente, ajoute l'illustre zoologiste, une masse près de laquelle les murs de Babylone et les pyramides d'Égypte ne sont que des jouets d'enfant. Et ces constructions des Polypes ont été exécutées au milieu des flots de l'Océan et en dépit des tempêtes qui anéantissent si rapidement les travaux les plus solides de l'Homme. »

Malgré leur infinie petitesse, les Polypes, par leurs constructions calcaires, n'en ont pas moins réagi d'une manière puissante sur la structure de l'écorce terrestre. Ils ont modifié celle-ci au moyen de deux procédés : soit en exhaussant le fond des mers, par leur développement incessant, soit en produisant d'imposantes montagnes calcaires, à l'aide de leurs détritus. Et en effet, lorsqu'on examine les assises de ces dernières, on s'aperçoit qu'elles ne sont uniquement formées que de Polypiers et de Coquilles, qui pullulaient dans les anciens océans du globe.

Broyés en poussière par leurs vagues furieuses, ces êtres ont seulement laissé de place en place quelques vestiges révélateurs, comme pour servir de flambeau aux modernes investigateurs des sciences.

Telle est l'opinion de M. Lyell et de la plupart des géologues modernes. A l'appui de cette opinion on a récemment remarqué que certaines lagunes étaient remplies d'un limon calcaire blanc, évidemment dû aux détritus des Polypiers; et qu'aussitôt que celui-ci était desséché, il ressemblait absolument à la craie de nos anciennes montagnes.

A cette action capitale des vagues, transformant en strates calcaires les Polypiers et les coquilles, il s'en joint une autre,

1. Le mille marin mesure 1852 mètres, il répond exactement à une minute de degré du méridien.

beaucoup moins énergique, il est vrai, mais infiniment curieuse. Le célèbre naturaliste anglais Darwin rapporte. que, tout autour des îles madréporiques, la transparence de la mer permet d'apercevoir des bandes de poissons, appartenant surtout au genre Spare, qui broutent les sommités des Polypiers branchus, absolument comme les troupeaux de moutons le font de l'herbe de nos prairies. Pour se nourrir de l'ouvrier, ils mangent avec lui certaines portions de ses constructions. Et, comme celles-ci sont absolument réfractaires à la digestion, il en résulte, selon le savant anglais, qu'une partie de la substance crayeuse qui encombre le fond de la mer aux abords des récifs madréporiques est due aux déjections de ces poissons. En disséquant des Spares, on reconnaît même que leur tube digestif est rempli de craie pure.

Les îles madréporiques reposent ordinairement sur un soulèvement du fond de la mer. L'action volcanique a commencé la besogne, et les Polypes l'achèvent : ils rehaussent l'œuvre jusqu'au niveau des vagues. Ces îles offrent toujours une configuration spéciale; presque toutes sont circulaires et présentent à leur centre une dépression cratériforme. Cette particularité paraît tenir à ce que l'animation des petits ouvriers s'entretient mieux là où l'eau agitée leur apporte une plus ample nourriture. Les animaux du centre, placés dans des circonstances opposées, exténués et languissants, n'élèvent leur rempart vivant qu'avec plus de lenteur.

Dans l'océan Pacifique, où l'on observe un certain nombre d'îles de cette nature, les Polypiers arrivent jusqu'au niveau des basses marées, et ensuite les grandes lames en exhaussent le centre, en y refoulant sans cesse les fragments qu'elles arrachent à la ceinture. Quand, par la succession des années, une certaine étendue de roches et de débris est ainsi restée à découvert, les détritus des plantes marines l'élèvent encore; et bientôt ce sol vierge se trouve fécondé par les graines qu'apportent les vents, les oiseaux et les courants. Bientôt après, l'Homme couronne l'œuvre de la nature, en venant lui-même élever ses habitations sur les ruines de celles de tant d'êtres inaperçus. Puis arrive un roi, qui assied orgueilleusement son trône sur cet amas de squelettes de Polypes abandonnés par la mer!

Deux des plus célèbres voyageurs de notre époque, Forster et Péron, pensaient que ces récifs et ces îles madréporiques se formaient avec une extraordinaire rapidité, et que peu d'années leur suffisaient pour transformer notablement les profondeurs de la mer et hérisser de rochers dangereux ou de barrières infranchissables certains parages où naguère les navigateurs voguaient en sécurité. Ces terres nouvelles semblent en effet pulluler parfois avec tant de prestesse, que cela bouleverse toute la science nautique. Un des détroits des abords de l'Australie, qui ne comptait, il y a peu d'années, que vingt-six îlots madréporiques, en offre aujourd'hui, dit-on, cent cinquante.

Les géologues ont eux-mêmes insisté sur la puissance de ces *faiseurs de mondes*, — comme les appelle notre illustre Michelet, — qui ont remanié, modifié la surface du globe à certaines périodes antédiluviennes. Ils pullulaient alors dans l'immensité de ces mers qui promenaient tumultueusement leurs vagues sur presque toutes les terres aujourd'hui couvertes par nos campagnes et nos paisibles demeures. Quelques contrées de l'Europe en présentent des bancs d'une remarquable fécondité; la vieille Germanie et ses sombres forêts reposent sur un ossuaire de Coraux et de Madrépores.

Si, dans leur infinie petitesse, les Polypes nous étonnent par les puissantes forteresses où ils emprisonnent l'Océan, nous devons reconnaître qu'ils ne sont pas moins dignes de notre admiration par le rôle qui leur est confié au milieu de leurs solitudes liquides. Leur nourriture ne consiste que dans les imperceptibles débris d'animaux, partout éparpillés à travers les flots; aussi Buckland fait-il remarquer qu'ils ont une mission importante à remplir dans l'harmonie de la nature. C'est à eux qu'elle a départi l'office de nettoyer les eaux de la mer et de les purger de toutes les impuretés les plus déliées qui échappent aux poissons voraces. « Ainsi, dit-il, nous trouvons là un nouveau sujet de nous incliner devant la sagesse providentielle! »

Fig. 31. — Ile madréporique de l'archipel Pomotou.

Non moins étonné de toutes les magnificences qui se sont déroulées devant ses yeux, pendant ses longues et incessantes veilles, Ellis, en terminant son *Histoire des Polypes*, dépose sa plume et se prosterne en adressant un hymne de gloire au créateur de tant de merveilles[1].

Dans les contrées où ils abondent, ces funestes constructeurs de récifs vivants, comme une faible compensation, rendent quelques services à l'Homme. Les Polypiers encroûtants forment parfois des couches épaisses et très compactes, dont on se sert en guise de pierre à bâtir. Forskal, qui a exploré les rivages de la mer Rouge, dit que les habitants de Suez et de Djedda enlèvent sur ces rivages des masses madréporiques ayant jusqu'à vingt-cinq pieds de longueur, et que c'est avec elles qu'ils construisent toutes leurs maisons. Mon savant ami P.-E. Botta m'a rapporté que les habitations de certaines bourgades des îles Sandwich n'avaient pas d'autres matériaux.

Ainsi, c'est avec l'œuvre des Polypes, ces frêles architectes, que l'Homme construit ses demeures.

A chaque espèce sa mission et sa forme. Près de nos constructeurs de récifs vivent d'autres Polypiers qui, au lieu d'encroûter les rochers, s'étalent à leur surface comme une véritable forêt, dont les rameaux pétrifiés bravent la fureur des vagues. Les uns ont tellement la physionomie de nos plantes, que les anciens botanistes les classèrent sans hésitation parmi les êtres de leur domaine. D'autres s'évasent en vastes dossiers superposés les uns au-dessus des autres : c'est le *char de Neptune*, le dominateur des mers.

---

1. « Dans ces recherches auxquelles je viens de me livrer, s'écrie le naturaliste anglais, des scènes toutes nouvelles se sont déroulées sous mes yeux, qui ont ravi mon esprit d'admiration et d'étonnement, à la contemplation de cette diversité, de cette étendue avec laquelle la vie est distribuée dans l'univers. Or, si tels ont été les sentiments qu'ont excités en moi les faits que je viens de rapporter, et ces merveilles de la nature animée sur des points dont on n'a pas jusqu'ici soupçonné l'existence, sans doute des esprits plus savants et d'une pénétration plus irrésistible y trouveront plus tard encore de nouveaux faits à reconnaître et de nouvelles preuves à découvrir, s'il en était besoin, d'une volonté unique, d'une toute-puissance qui a créé et qui maintenant conserve le Grand Tout dans sa beauté et dans sa perfection ! »

LES RONGEURS DE PIERRE ET LES RONGEURS DE BOIS

Nous venons de voir d'imperceptibles architectes hérisser de forêts de Corail ou d'assises de Madrépores les profondeurs de la mer; ici des ouvriers d'un autre genre vont nous occuper. Ce sont de véritables mineurs : ils n'édifient rien, mais se creusent des souterrains dans les rochers submergés. Leur travail incessant et encore inexpliqué attaque les pierres les plus compactes et les perfore profondément. On s'étonne même lorsque en fendant le marbre on trouve des coquilles vivantes au milieu de ses blocs, eux que le ciseau du sculpteur n'entame qu'avec effort.

Les plus célèbres rongeurs de pierre que l'on connaisse, les Pholades, creusent ordinairement leurs demeures dans les roches calcaires de nos rivages. Ce sont de minces coquilles blanches, ayant leurs valves élégamment ornées de lamelles saillantes ou de pointes disposées symétriquement. Leurs deux extrémités sont largement entre-bâillées. De l'une sortent les tubes respiratoires et nutritifs, qui, du fond du trou qu'habite le Mollusque, s'allongent pour pomper l'eau de la mer et ses myriades d'animalcules. Par l'autre, encore plus ouverte, surgit le pied, épaisse et robuste semelle vivante, appelée à jouer un grand rôle dans la vie du solitaire animal.

Il y a des chasseurs de Pholades comme il y a des pêcheurs de Salicoques. Les premiers se distinguent à merveille dans le plus extrême lointain, à la blancheur resplendissante de leur vêtement. Ce n'est pas que celui-ci ait réellement cette couleur; non, elle n'est due qu'au mastic que forment sur tout le corps de ces singuliers industriels les éclaboussures mouillées des rochers qu'ils fendent à grands coups de pic, pour trouver dans leurs profondeurs le Mollusque qu'ils vendent aux pêcheurs.

Quand, malgré les obstacles d'un sol rocailleux et glissant, vous êtes parvenu enfin aux environs du laborieux piocheur, si, après l'avoir invité à cesser tout travail, afin d'éviter l'ample rayon d'éclaboussure de sa cognée, vous examinez les Pholades

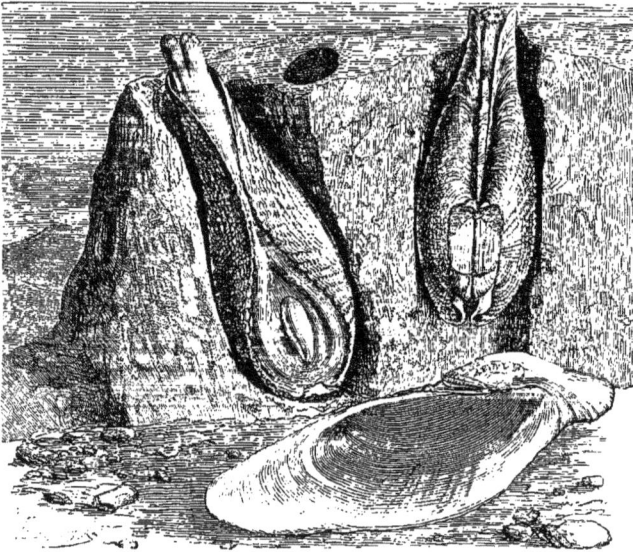

Fig. 52. — Pholades dactyles dans leurs trous (*Pholas dactylus*, Lam.).

gisant çà et là parmi les rochers fracassés, alors vous revenez bien persuadé qu'il existe des coquilles qui rongent les pierres, ce dont on doutait encore il n'y a pas bien longtemps. Mais un autre problème reste à résoudre : il faut savoir comment ces animaux peuvent exécuter un travail qui semble réellement au-dessus de leurs forces.

Quelques naturalistes ont supposé que les Pholades n'étaient que des espèces de limes vivantes, creusant mécaniquement leur habitation en râpant la roche à l'aide des fines pointes de leur coquille. Mais cette opinion n'est nullement soutenable, car, avant

d'entamer la pierre dure, ces délicates saillies seraient elles-
mêmes complètement usées.

D'autres savants pensent que ces Mollusques ont recours à des
procédés chimiques, et qu'ils creusent leur demeure en distil-
lant un liquide qui attaque la pierre. Cette théorie n'est pas plus
admissible que l'autre : car il est certain que, le test calcaire de
l'animal étant d'une composition analogue à la roche, serait le
premier à subir l'influence de l'agent érosif, et se trouverait
dissous bien avant la formation du trou.

Il est évident cependant que, pour les Pholades, vivant dans
le calcaire de nos rivages, c'est leur robuste pied qui se charge
du travail. Par ses mouvements incessants, cette semelle charnue

Fig. 33. — Modiole lithophage (*Modiola lithophaga*, Lam.), qui a rongé les colonnes
du temple de Jupiter. — D'après nature. (Voyez p. 80.)

use peu à peu la roche amollie par l'eau. En effet, celle-ci, qui,
à l'état sec, offre tant de dureté, est, au contraire, fort tendre
lorsque la mer l'imbibe ; et les frottements de l'un de nos doigts,
en quelques minutes, suffisent pour la creuser assez profondément.

Nous ne tenons pas assez compte en général de ce que peut
produire l'action la plus faible, si elle se répète indéfiniment.
C'est ainsi que la goutte d'eau finit par user, elle aussi, la
roche la plus dure, et que le fil de coton use à la longue la
broche en acier du dévidoir. Les bêtes ont le temps devant elles,
et, si faible que soit leur effort, comme il est continu, il finit,
après des années écoulées, par produire un résultat sensible. Ne
nous étonnons donc pas de voir d'autres animaux voisins des
Pholades perforer les calcaires les plus compacts.

Mais, si le problème est résolu pour les *Lithophages*, c'est-à-dire

Fig. 34. - Ruines du temple de Jupiter Sérapis. — D'après une photographie.

les « mangeurs de pierre », qui vivent dans le calcaire mou, il semble laisser des doutes à l'égard de ceux que l'on rencontre dans les marbres les plus compacts.

L'un de ces Marbriers a conquis une grande célébrité dans les annales de la géologie, en attaquant le temple de Jupiter Sérapis, situé sur les bords de la Méditerranée, presque au niveau de ses flots.

C'est une Modiole qui a creusé de nombreuses excavations

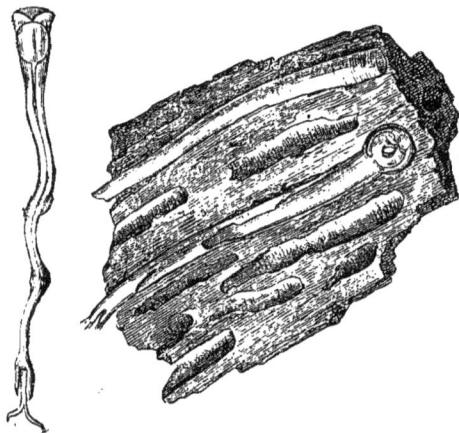

Fig. 35. — Taret et fragment de bois dévoré par des Tarets. (Voyez p. 83.)

dans les belles colonnes de l'antique sanctuaire, et les a même rongées d'une disgracieuse manière, dans l'étendue d'un mètre, à une hauteur de 2 mètres environ au-dessus du parvis. Les savants sont bien obligés d'admettre qu'à une époque dont l'histoire ne fait aucune mention, par un de ces mouvements du sol si fréquents dans les contrées volcaniques, le temple célèbre s'est enfoncé dans la mer, et qu'alors il a été envahi par les Mollusques lithophages ; puis qu'à un autre instant, soulevé comme un décor de théâtre, par un mouvement contraire, le monument, en sortant magiquement du sein des flots, est revenu se placer à l'air libre, en offrant à nos yeux étonnés les

6

déprédations des animaux qui l'avaient rongé durant son séjour
sous-marin.

Les élégantes colonnes du temple restées debout attestent
tout au moins que ces mouvements du sol se sont accomplis
sans violence. Au reste Schleiden rapporte qu'un vieux moine
d'un couvent des environs racontait que, dans son enfance, il
avait cueilli des raisins dans le pourtour du monument où se
balancent aujourd'hui sur la mer les barques des pêcheurs.

La mer possède encore d'autres artisans; mais ceux-ci
redoutent la pierre dure et ne travaillent que dans le bois.
Pour eux, tout le monde les connaît et les voit à l'œuvre; ce
sont des menuisiers trop ardents à la besogne, qui perforent
fatalement nos digues et nos navires.

Ces ennemis de nos constructions navales sont les Tarets,
Mollusques vermiformes vivant constamment à l'intérieur du
bois submergé par les flots, et perpétuellement occupés à le
ronger et à y creuser de multiples et tortueuses galeries. Pour
eux, on connaît exactement leurs outils. Ces outils ne sont
autres que le bord tranchant de la petite coquille qui se trouve
en avant du corps long et mou de l'animal.

Les ravages des Tarets sont terribles. En peu de temps ils
réduisent à l'état d'éponge fragile les plus fortes poutres. Ces
Mollusques ont failli, en 1731, produire la submersion d'une
région de la Hollande : ils avaient dévoré la plus grande partie
des digues de la Zélande. C'est un véritable fléau que l'on
n'arrête pas à son gré.

A chaque instant ces animaux s'attaquent à la carcasse des
plus forts navires quand elle n'est pas protégée par un doublage,
et, en la perforant de toutes parts, mettent ceux-ci en danger et
les menacent d'un incessant naufrage. Ce n'est que pour se préserver de ces terribles rongeurs de bois, qu'on revêt d'une chemise
de cuivre tous les bâtiments qui entreprennent de longs voyages.

Là ce sont de frêles Mollusques qui ravagent nos constructions
navales; plus loin nous verrons des Insectes ronger impitoyablement nos demeures.

IV

Ravies aux profondeurs de l'écorce terrestre, et violemment soulevées au-dessus des nuages par une formidable puissance, les hautes aspérités du globe, telles que les Alpes et les Cordillères, nous étonnent par leur masse et par leur élévation. Mais il en est d'autres qui, quoique moins gigantesques, ont cependant une origine bien autrement merveilleuse : ce sont les montagnes de coquilles.

L'exubérance vitale des anciens océans surpassait tout ce que nous pouvons imaginer : nos mers actuelles ne nous en donnent aucune idée. Les Mollusques y vivaient en masses si serrées et si compactes que leurs seuls débris, en s'accumulant, ont produit d'épaisses assises ou des cimes imposantes.

Les phénomènes qui présidèrent à l'enfantement de celles-ci ont offert trois modifications fondamentales.

Tantôt c'étaient des mers dont le calme rivalisait avec la fécondité, exhaussant lentement leur fond par l'entassement des morts de leurs innombrables populations. Là les coquilles, tranquillement déposées les unes sur les autres, ne présentent pas la moindre trace d'érosion. Après tant de milliers d'années nous les retrouvons ornées de leurs plus fines arêtes, de leurs imperceptibles stries. Que dis-je? il en est même qui reflètent encore des couleurs qui les décorèrent aux premiers jours de la création, longtemps avant que l'œuvre fût achevée!

Ailleurs, pullulant au milieu d'un océan sans bornes et tumultueusement agité, les coquilles broyées par ses vagues furieuses, en se précipitant en impalpable poussière, ont aussi formé des montagnes.

Mais, quelque extraordinaire que soit une telle origine, le doute n'est cependant pas permis; en effet, dans certaines localités on passe, par des transitions insensibles, des roches absolument composées de coquilles entières et entassées, à des strates dans lesquelles celles-ci sont plus ou moins finement broyées.

D'autres aspérités calcaires ont une origine encore plus

Fig. 36. — Craie de Meudon, vue au microscope.

prodigieuse; elles ne sont formées que d'êtres microscopiques, dont l'extrême ténuité a miraculeusement bravé l'action destructive du temps. Il ne s'agit pas ici de l'une de ces hypothèses dont la science aimait tant jadis à s'emparer. Tout ce que nous avançons, le microscope le démontre avec une précision que nul ne peut contester; Ehrenberg nous a même donné d'excellentes figures de toutes ces merveilles dans sa Micrographie géologique.

Ainsi donc, lorsque nous parlons de l'ossature du globe, si

ce nom s'applique à des montagnes de calcaire grossier, on
ne peut pas dire que ce soit simplement une métaphore : car
il s'agit tout au moins du squelette d'incommensurables my-
riade d'animaux qui l'ont anciennement peuplé.

C'est à de semblables amas d'animalcules à carapace calcaire que sont dues les formations géologiques crayeuses qui
s'élèvent çà et là en longues chaînes de montagnes; et, malgré
la puissance de leurs assises, celles-ci n'en sont pas moins composées entièrement par des débris de Foraminifères microscopiques. Ainsi sont les collines qui ceignent l'Angleterre de
l'immense rempart d'un beau blanc auquel elle a dû son
ancienne dénomination d'*Albion*. En Russie, près du Volga,
et dans la France septentrionale, le Danemark, la Suède, la

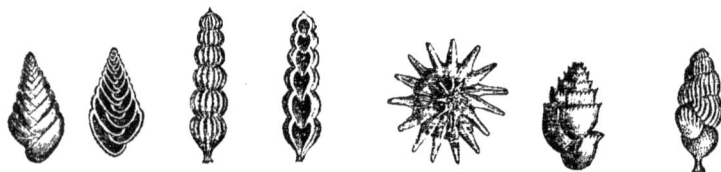

Fig. 37. — Coquilles de Mollusques. Foraminifères de divers genres, extrêmement grossis

Grèce, la Sicile, l'Afrique et l'Arabie, beaucoup d'aspérités
crétacées n'ont pas d'autre origine.

L'imagination s'effraye en supputant quelle a dû être la
puissance de la vie organique pour produire de telles masses
par la simple agglomération d'êtres presque invisibles. Leur
petitesse est telle, en effet, que Schleiden prétend qu'une seule
carte de visite recouverte d'une simple couche de craie repré-
senterait un cabinet zoologique de près de cent mille coquillages
d'animaux.

Dans une des montagnes des environs de Douvres, après un
long travail préparatoire, en 1843, on faisait éclater une mine
contenant 185 quintaux de poudre. Celle-ci, ayant été enflam-
mée à l'aide d'une batterie électrique, déchira les flancs d'une
imposante masse calcaire dont les débris, évalués à 20 millions

de quintaux, se précipitèrent dans la mer, en s'étalant en une couche de 6 mètres d'épaisseur sur une superficie considérable.

Contre quoi donc de si formidables engins de guerre étaient-ils employés? Contre quoi donc se produisait ce gigantesque combat de l'esprit humain? Tout simplement contre les squelettes amoncelés de petits animalcules que notre doigt écraserait par milliers!...

Les coquilles des Mollusques microscopiques qui composent les montagnes ne sont formées que de carbonate de chaux; et elles sont tellement petites que l'on a calculé qu'il en fallait environ 20 millions pour faire un kilogramme de craie, et qu'il en entrait plus de cent cinquante dans un millimètre cube. A la faveur de leur inconcevable fécondité, ces animalcules ont rempli les mers crétacées, et, en s'amoncelant en couches au fond de ces mers, leurs squelettes ont constitué les puissantes assises crayeuses qui composent aujourd'hui certaines montagnes. Tantôt celles-ci ne sont formées que par de petites coquilles encore entières, ce que l'on reconnaît dans les roches de la Sicile et la craie de Meudon, en les soumettant au microscope; tantôt la pesanteur des nouvelles couches qui se superposaient a réduit en poussière fine celles du fond, et alors on n'a plus qu'une craie molle et ténue.

Résumons-nous :

Ainsi les assises de nos montagnes calcaires peuvent être de trois ordres. Les unes sont composées de coquilles entassées, entières; les autres sont formées de coquilles finement broyées; et enfin il en est dont la masse n'est représentée que par des coquilles microscopiques.

Déjà la formation des premières nous étonne; celle des autres nous confond.

LIVRE III

LES INSECTES

A une merveilleuse délicatesse d'organisation ces animaux joignent une intelligence plus merveilleuse encore. La perfection de leurs outils microscopiques nous laisse supposer qu'ils doivent accomplir des travaux d'une infinie variété : ce sont ceux-ci que Rennie désigne sous le nom d'*architecture des insectes*. En effet, souvent ces infimes êtres élèvent des constructions d'une élégance ou d'une ampleur qu'on serait loin d'attendre de leur part. Elles sont tellement variées que Réaumur et, à son exemple, le savant anglais dont il vient d'être question, en ont groupé les ouvriers par corps d'état. Évidemment il y a, parmi les Insectes, des architectes, des maçons, des tapissiers, des papetiers, des menuisiers, des fabricants de carton et des hydrauliciens. A d'autres le travail répugne : ce sont de véritables forbans, toujours en guerre et au pillage.

Nous avons encore, dans cette classe, les extrêmes pour la stature et la force. Tel Scarabée gigantesque, ainsi que le Goliath, dépasse la taille de certains Oiseaux-Mouches, qu'il étoufferait impitoyablement dans ses serres, s'ils se trouvaient sur son passage; tandis que tel autre Insecte est si petit, si inapparent, qu'on ne le découvre qu'avec le secours de la loupe.

La classe des Insectes offre partout une harmonieuse organisation, qui au premier abord la distingue de toutes les autres. Cependant c'est peut-être la section du règne animal dans

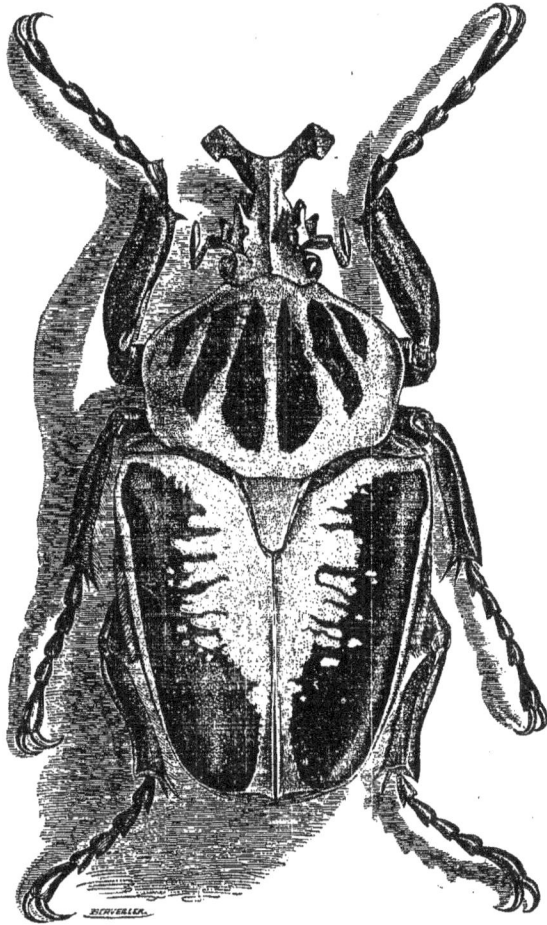

Fig. 58. — Goliath de Drury, de grandeur naturelle.

laquelle on observe une plus grande diversité de formes; celles-ci offrent parfois de telles anomalies, qu'on n'en reconnaît plus les êtres que par le fond. Il y a même souvent les plus extrêmes différences entre le mâle et la femelle.

Quelques Insectes ont une apparence tellement anormale qu'ils ressemblent absolument à des feuilles d'arbre; ils en ont les nervures et la coloration ; c'est à s'y méprendre lorsqu'ils restent en repos : l'oiseau avide y est lui-même trompé. Tels sont certains Mormolyces. Chez eux ce sont les ailes qui se trouvent transformées en vertes membranes, donnant à l'animal l'apparence d'une feuille animée.

Quelques espèces se font remarquer par l'étrangeté de leur

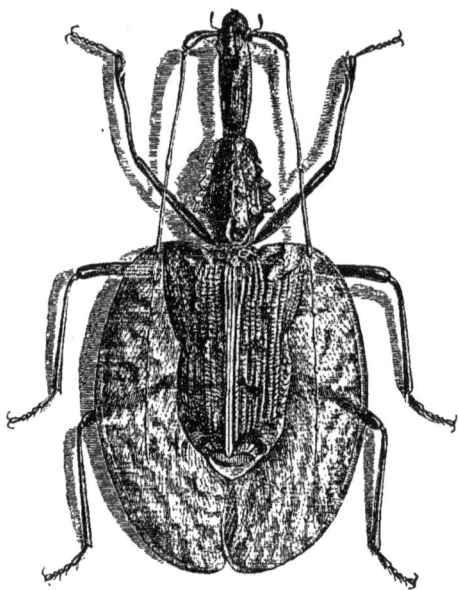

Fig. 39. — Mormolyce feuille (*Mormolyce phyllodes*, Hag).

aspect. Telles sont surtout les Membraces, dont le corselet est hérissé de pointes, de lames ou de gibbosités extrêmement bizarres, ce qui les transforme en autant de monstruosités. On croit voir une mascarade d'Insectes, un véritable jeu de la nature, *lusus naturæ*, quand on en a plusieurs sous les yeux. Également frappé de leur forme singulière, le vieil entomologiste Geoffroy les désignait sous le nom de *Petits-Diables*. A de si frêles espèces — car toutes sont de la moindre dimension — on ne conçoit

réellement pas à quoi peuvent servir tant de fantastiques
appendices, si embarrassants pour leur taille et leurs mouvements!

Si, chez les Insectes, quelque chose surpasse la diversité des
formes, c'est leur prodigieuse variété de coloration. Leur manteau brille des plus riches couleurs de la nature; son éclat ne

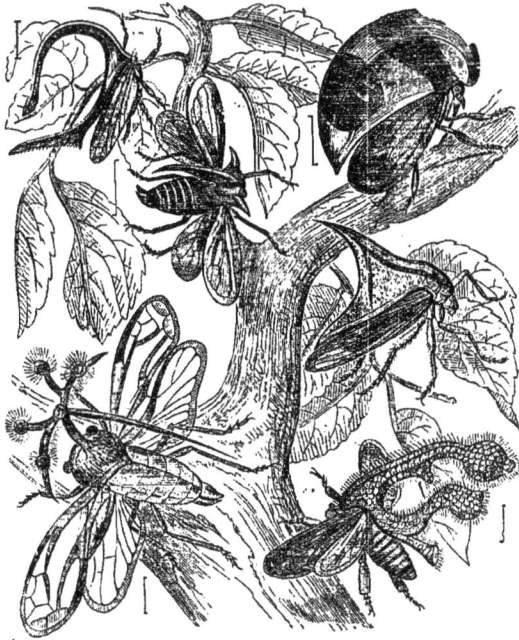

Fig. 40. — Membraces diverses, très amplifiées. Petits-Diables de Geoffroy.

peut être comparé qu'aux pierreries et aux métaux. L'or le plus
pur, l'argent, le saphir et l'émeraude resplendissent sur leurs
ailes et leur corsage; leurs teintes s'y mélangent, s'y heurtent
ou s'y dégradent insensiblement.

Quelques groupes sont surtout remarquables par la richesse
de leur parure; tels sont les Buprestes, qui doivent le surnom
de *Richards* à leur éclat métallique; tels sont aussi les Charançons, resplendissants comme des pierreries, et qui, ainsi

que les précédents, en tiennent lieu aux Indes et à la Chine, où l'on en confectionne des bijoux pour les femmes, des épingles ou des pendants d'oreilles.

Au nombre des genres brillants nous trouvons aussi les Cétoines, dont les élytres sont souvent bariolés des plus belles

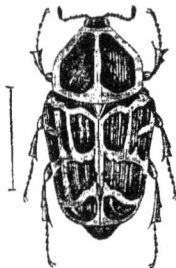

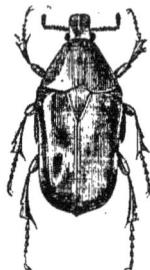

Fig. 41. — Cétoine sanguinolente.   Fig. 42. — Cétoine bleue

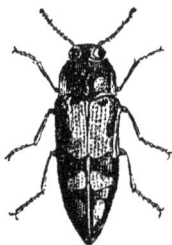

teintes veloutées, et, enfin, les Carabes et les Calosomes, tout ruisselants d'or.

Comme l'a dit le grand Linné, la nature ne fait point de sauts, *Natura non facit saltum* ; et chez les Insectes elle procède, comme partout, à l'aide d'insensibles transitions.

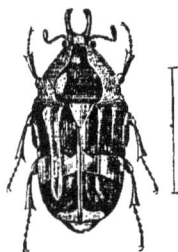

Fig. 43. — Cétoine biche.   Fig. 44. — Bupreste impérial.

Nous sommes habitués à ne reconnaître un Papillon qu'à ses amples ailes, et cependant les naturalistes ont découvert plusieurs espèces de cet ordre qui n'en ont point. Mais on s'aperçoit que, si quelques individus de ce groupe sont privés de ces organes, d'autres nous en offrent de vestigiaires, pour marquer la gradation.

Ainsi, par exemple, si la femelle de la Phalène nue ou dé-

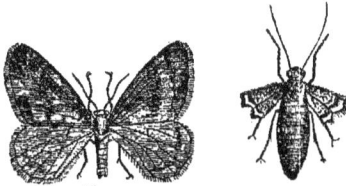

Fig. 45. — Phalène hiémale, mâle et femelle

feuillée est absolument dépourvue d'ailes, nous trouvons tout à côté de celle-ci la Phalène hiémale, dont la femelle en possède

Fig. 46. — Phalène nue, mâle et femelle.

de rudimentaires, pour former le passage aux autres espèces d'un ordre où tous les animaux ont quatre ailes fort grandes.

De même, lorsque l'ordre des Mouches ou Diptères se dé-

Fig. 47. — Sténoptéryx de l'Hirondelle   Fig. 48. — Mélophage du Mouton

grade pour passer aux espèces privées d'ailes, il subit des modifications analogues.

Certaines Mouches qui ne volent jamais et restent toute leur vie accrochées entre les plumes des hirondelles ont cependant encore des vestiges d'ailes, mais tout à fait impropres au vol; tandis que d'autres, enfin, plus dégradées encore, n'en ont plus, et passent toute leur vie cramponnées à la toison des moutons.

I

Le flambeau de l'anatomie a jeté les plus vives clartés sur l'organisation des animaux inférieurs; et le microscope, en nous permettant d'en fouiller les replis les plus inaccessibles, a déroulé devant nos yeux des horizons aussi prodigieux qu'inattendus. Mais avouons aussi que, si l'investigation des infiniment petits a acquis un si puissant degré de certitude, elle le doit aux observations d'hommes qui, souvent, y ont sacrifié leur vie entière.

Un avocat de Maestricht, Lyonnet, passa presque toute la sienne à étudier une chenille qui ronge le bois du saule, et produisit sur ce seul Insecte un des plus splendides monuments de la patience humaine.

Goedart, peintre hollandais, dépensa vingt de ses plus belles années à observer les métamorphoses des Insectes, spectacle véritablement émouvant pour celui qui l'envisage d'un œil religieux! Aussi est-il tenté de s'écrier au milieu de nos brillantes réunions, où les afflictions percent malgré le faste et l'or : « Ah! laissez-moi préférer d'assister à la naissance d'un papillon! Dans ses plus frêles créatures, Dieu révèle sa force et sa majesté; dans vos splendides fêtes, vous n'étalez souvent que votre impuissance et vos misères! »

Anatomiquement et physiologiquement parlant, le mécanisme humain est bien abrupt, bien grossier, comparativement à la délicatesse exquise qu'offre l'organisme de certains animaux! Mais en nous l'intelligence, ce véritable sceptre de l'univers, domine l'imperfection apparente de la matière. Par elle. l'Homme seul se rapproche de ces êtres d'élite qui brillent autour du trône de l'Éternel et forment un trait d'union entre les cieux et la terre : si par ses organes il appartient à notre sphère, par l'éclat de son génie il semble déjà s'élever vers les essences suprêmes[1].

C'est là une grande et philosophique vérité : un coup d'œil sur l'organisation des Insectes va nous la démontrer à l'instant.

Dans ses moindres ébauches, la nature sait allier la puissance à l'exquise finesse du mécanisme. Les Insectes le prouvent dès l'abord; aussi, lorsqu'on nous déroule l'intéressante

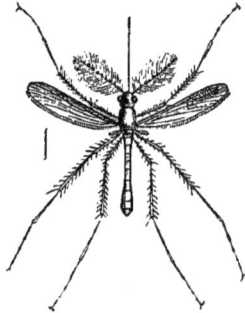

Fig. 49. — Moustique grossi.

histoire, nous ne sommes plus tentés de les traiter avec le dédain des poètes. Un infime Papillon, une seule Mouche humilie l'orgueil de l'Homme et, malgré lui, abat ses forêts, ronge ses récoltes et fait son désespoir. Tel Insecte, inconnu de celui qui l'apostrophe avec tant de mépris, glace de terreur l'habitant des campagnes, et sa piqûre le tue!

De simples petites Mouches à deux ailes, les Cousins et les Moustiques, dont la frêle apparence ne fait nullement présager

---

1. Aussi Voltaire a-t-il pu dire, en parlant d'un savant immortel, de Newton :

> Confidents du Très-Haut, substances éternelles,
> Qui brûlez de vos feux, qui couvrez de vos ailes
> Le trône où votre maître est assis parmi vous,
> Parlez! du grand Newton n'étiez-vous point jaloux?

Halley, avec plus de brièveté, avait déjà rendu la même pensée, en s'écriant :

> *Nec fac est propius mortali attingere divos!*

l'agression, n'en sont pas moins pour notre espèce des ennemis de la plus incommode nature. Dans quelques pays où de tous côtés ils pullulent par myriades, l'Homme est soumis à leur empire, et n'en évite les attaques qu'en modifiant ses habitations et sa manière de vivre. Au moment où les Moustiques ravagent le plus le Sénégal, malgré la gêne d'un tel genre de vie, les nègres restent constamment plongés au milieu d'une épaisse fumée. A cet effet ils s'établissent sur de véritables juchoirs formés de branches et suspendus sur des amas de bois qui brûlent constamment au-dessous d'eux. C'est là que, le jour, tout accroupis, ils reçoivent leurs amis, et que, la nuit, chauffés en dessous et enfumés de tous côtés, ils s'étendent pour s'endormir.

Quelques peuplades sauvages ne se délivrent des attaques de cette engeance maudite qu'en s'enduisant le corps d'une rebutante couche de graisse; et c'est pour s'en garantir que le misérable Lapon se condamne à s'enfumer tout le long du jour au milieu de sa hutte obscure. Les compagnons de l'astronome Maupertuis étaient même tellement tourmentés par les piqûres des Moustiques, que, pour s'en délivrer durant leur voyage en Laponie, ils avaient recouru à un moyen extrême : ils s'étaient enduit tout le visage de goudron. Croyez-vous que ces gens-là traitaient ces Insectes avec le mépris qu'affectent ceux qui ne les connaissent nullement?

Une simple Mouche d'Afrique fait plus encore; elle nous dispute pied à pied le terrain : entre elle et l'Homme, c'est à qui l'emportera pour la civilisation. Là où elle réside, elle lui défend l'agriculture et elle borne ses explorations; on ne sera maître du terrain que quand on l'aura exterminée. Cette Mouche, vulgairement appelée Tsétsé par les nègres, a la taille de notre espèce commune, et semble, en apparence, tout aussi inoffensive; mais sa bouche sécrète des venins dont l'activité surpasse de beaucoup ceux des plus redoutables serpents. Il ne faut que quelques-unes de ses piqûres pour foudroyer le plus vigoureux bœuf; et cependant, si, à l'aide de nos balances de précision, nous voulions apprécier le poids de

Fig. 50. — Nègres du Bas Sénégal se garantissant des Moustiques.

son agent léthifère, cela serait peut-être impossible, tant elle
en a peu!

Inexplicable anomalie! cette Mouche, qui tue infailliblement certains animaux, ne fait absolument rien aux autres. Elle prend toutes ses victimes parmi nos bestiaux, et la chèvre et l'âne seuls bravent ses piqûres. Ses attaques n'ont aussi aucune action sur l'homme et les animaux sauvages. Mais, ce qui est encore plus singulier, c'est que ce Diptère tue tel animal adulte et suce impunément le sang de sa progéniture. Le Tsétsé empoisonne rapidement un bœuf et ne fait absolument rien à son veau. Livingstone dit aussi que, pendant ses pérégrinations, ses enfants en furent souvent piqués, sans jamais en éprouver le moindre accident; ils n'y faisaient nulle attention; tandis que la Mouche fatale lui tua quarante-trois bœufs, malgré la plus rigoureuse surveillance.

Le Tsétsé infeste les deux rives du Zambèze et s'en éloigne peu; caché dans les buissons et les roseaux des bords du fleuve, il guette ses victimes au passage, et s'élance sur elles avec la rapidité d'une flèche. Lorsqu'il les parcourait, le docteur Livingstone dit que des mouches bourdonnaient parfois autour de la tête de ses compagnons de voyage et de la sienne, aussi tassées qu'un essaim d'abeilles. Ils en furent souvent lardés ainsi que leurs baudets, mais sans jamais en éprouver d'accidents fâcheux, ni eux ni leurs montures. La piqûre de ce suceur de sang étant mortelle pour nos animaux domestiques, le bœuf, le cheval, le mouton et le chien, seuls la chèvre et l'âne composent, dans les contrées qu'il dévaste, tout le bétail agricole.

Les victimes connaissent le bourreau, et, lorsque le bourdonnement d'une de ces Mouches retentit aux oreilles des bestiaux, ceux-ci fuient de toutes parts, frappés d'épouvante.

De tels hôtes ont non seulement paralysé l'agriculture, mais ils ont aussi posé la limite des explorations de l'homme. Privé de ses animaux de transport et de sa nourriture, le cheval et le bœuf, le voyageur ne peut franchir la résidence de la redoutable Mouche; et, lorsque par hasard il en affronte le danger, ce n'est qu'en profitant des heures de son repos. Chaque fois que l'on est obligé de faire traverser à des troupeaux de moutons ou de bœufs les contrées infestées par le Tsétsé, les indigènes choisissent les nuits froides et éclairées par la lune, sachant alors que l'Insecte, endormi et engourdi, ne piquera pas le bétail.

La Mouche domestique, inoffensive dans nos habitations, tourmente sans relâche ceux qui voyagent dans les pays chauds. Là on la redoute plus que l'hyène et le chacal, et l'on ne s'en garantit qu'en ayant autour de soi une armée d'esclaves. Dans quelques villages de la Haute Égypte j'ai parfois rencontré, dans

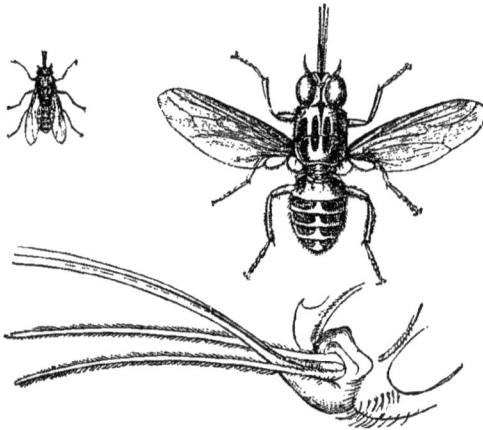

Fig. 51. — La mouche Tsétsé, de grandeur naturelle et amplifiée.

les bras de leur mère, des enfants à la mamelle dont le visage était envahi par des légions de Mouches, tellement tassées qu'il n'apparaissait que comme un grouillant masque noir. Toutes travaillaient là activement, avec une trompe dont la délicate anatomie surpasse tout ce qu'on peut imaginer.

Chez nous, cette attaque de l'homme vivant par l'Insecte domestique ne se produit qu'exceptionnellement. Cependant la Mouche à viande prend parfois pour des cadavres des gens plongés dans le dégradant sommeil de l'ivresse. A leur réveil, son active progéniture ronge déjà leurs chairs palpitantes et chemine sous la peau de leurs joues et de leur crâne : hideux envahissement qui se termine fatalement par la mort.

. Mais c'est surtout dans nos forêts et nos champs que le
passage des Insectes laisse de déplorables traces. Leurs légions
s'abattent sur certains végétaux, en nombre effrayant. Selon
Ratzeburg, le pin, à lui seul, servirait de refuge à plus de
quatre cents espèces, dont la plupart lui sont nuisibles; et

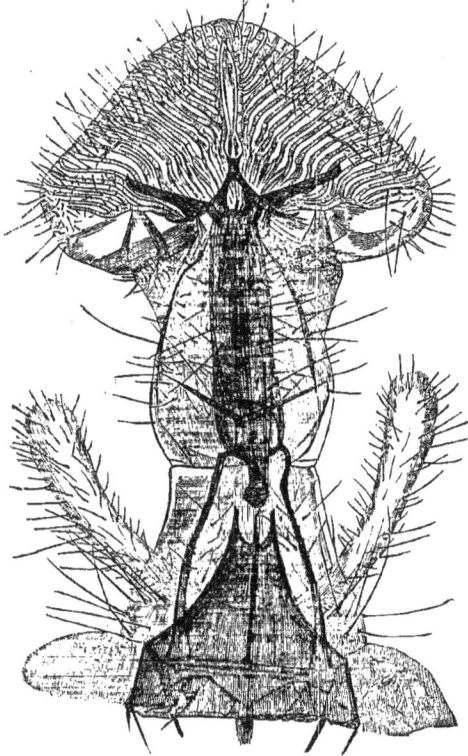

Fig. 52. — Trompe de Mouche commune, vue au microscope.

Ch. Müller assure que le chêne donne l'hospitalité à plus de
deux cents animaux, qui sont liés à lui par leur existence
parasitaire.

En un court laps de temps, quelques Phalènes aux ailes veloutées, et dont le vol nocturne semble si inoffensif, ravagent cependant les plus magnifiques forêts de conifères, et, plus rapides

que la cognée du bûcheron, ouvrent d'amples clairières au milieu de leurs sombres ombrages.

Dans quelques régions de l'Europe, une petite Mouche jaune bariolée de noir, le *Chlorops lineata*, épouvante l'agriculture en s'attaquant aux céréales. Linné dit qu'à elle seule, en Suède, elle détruit plus du cinquième des récoltes d'orge, ce qui équi-

Fig. 53. — Pyrale de la vigne, sous ses divers états (*Pyralis vitana*, Dum.).

vaut au moins à cent mille tonnes. Dans la France centrale, cet Insecte ronge parfois la moitié des épis de nos champs.

Un autre, le Dacus de l'olivier, nous gaspille annuellement pour trois millions de francs d'olives. Enfin, un papillon, la Pyrale de la vigne, fait le désespoir de toutes nos contrées vinicoles, qui depuis longtemps implorent en vain le secours de la science. Mais que dire du Phylloxera, dont les légions poussant leurs ravages sous la terre, ont ruiné des pays entiers et forcé de replanter partout les vignes saccagées par cet invisible ennemi.

Lorsque les arbres attaqués corps à corps par les Insectes ne succombent point sous leur dent, ils en sont quittes pour de singulières difformités.

La piqûre d'un Insecte extrêmement petit et de la famille du Phylloxera, le Puceron lanigère, que l'œil perdrait sur les branches s'il n'était enveloppé d'une botte de laine blanche, couvre nos pommiers de nombreuses tumeurs. Et souvent celles-ci finissent par les tuer.

C'est aussi à des blessures d'Insectes que sont dues ces touffes de branches difformes, serrées, qui apparaissent sur les troncs des pins, et auxquelles les forestiers allemands donnent le nom de *Balais des sorcières* : touffes d'un aspect étrange, que les superstitieux bûcherons des forêts du Harz craignent de toucher, de peur d'être foudroyés, car ils croient qu'elles attirent la foudre; aussi les désignent-ils également sous le nom de *Buissons du tonnerre.*

Dans le domaine des infiniment petits, les phénomènes physiologiques n'étonnent pas moins que la miraculeuse ténuité des ressorts! Une simple comparaison va le démontrer.

Lorsque nous imprimons un mouvement d'élévation à nos bras, et que subitement nous les ramenons vers notre corps, une seconde suffit à peine pour exécuter cet acte.... Eh bien, pendant ce court laps de temps, d'après les expériences de Herschel, certains Insectes font battre leurs ailes plusieurs centaines de fois!

M. Cagniard de la Tour prétend qu'un Cousin, dans l'espace d'une seconde, donne cinq cents coups d'ailes.

M. Nicholson va encore plus loin. Il affirme que les battements de l'aile de la Mouche commune s'élèvent normalement à six cents par seconde, dans le vol ordinaire, lorsque, pendant ce laps de temps, celle-ci franchit l'espace à raison de six pieds. Mais ce savant ajoute qu'il faut sextupler ce nombre pour le

vol rapide, c'est-à-dire qu'en une seconde, ou pendant le
temps que nous mettons à exécuter un seul mouvement de
l'un de nos membres, la Mouche, avec son aile, peut en opérer
trois mille six cents. La stupeur nous saisit en présence de
semblables calculs, et cependant ils sont d'une irrécusable
précision.

Cette merveilleuse rapidité des mouvements de l'aile des

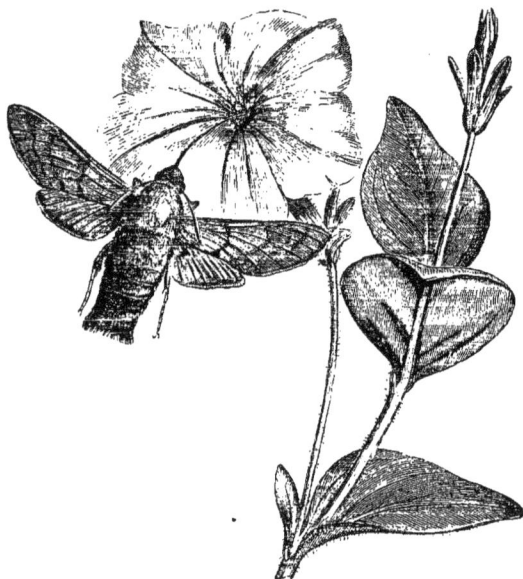

Fig. 54. — Sphinx butinant des fleurs de convolvulus.

Insectes explique la prodigieuse facilité avec laquelle s'opère
leur vol. Ainsi que le dit M. Blanchard, « de nos jours, le
voyageur emporté par le train lancé à toute vapeur s'amuse
souvent à regarder à la portière les *moucherons* qui y voltigent
avec une aisance incomparable. Ces frêles Diptères, malgré
l'agitation de l'air, vont, viennent, retournent, s'élèvent et
s'abaissent, continuant leur manège des heures entières, comme
s'ils avaient à nous montrer que la plus grande vitesse dont

nous disposons est insignifiante pour la puissance de leurs ailes
délicates. »

Après cela, nous ne nous étonnerons plus de l'agilité
qu'offrent certains papillons, tels que les Sphinx, lorsqu'ils
butinent les fleurs de nos jardins. Ils passent de l'une à l'autre
avec la rapidité de la flèche; et, semblables aux Oiseaux-
Mouches, se suspendent immobiles devant les corolles en

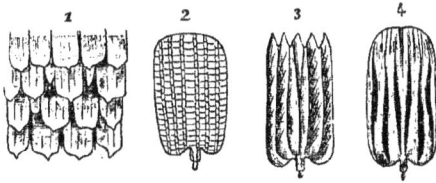

Fig. 55. — Écailles des ailes de divers Papillons, vues au microscope.

plongeant leur longue trompe jusqu'au fond, pour en aspirer
le nectar, tandis que leurs ailes sont animées de mouvements
que l'œil ne peut suivre.

L'organisation de cette rame aérienne n'est pas moins remarquable que ses mouvements.

Quelle que soit la délicatesse avec laquelle vous saisissiez

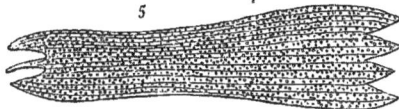

Fig. 56. — Autre écaille de Papillon, vue au microscope.

l'aile d'un Papillon, jamais vos doigts ne s'en éloignent sans
en emporter quelques parcelles, qui ne vous semblent qu'une
fine poussière à laquelle l'Insecte doit son magnifique coloris.
Mais, si vous soumettez cette poussière à l'examen microscopique, quelle n'est pas votre surprise quand vous vous apercevez
que chacun de ses grains représente une petite lame aplatie,
allongée et finement guillochée, qui reflète les plus magiques

couleurs! L'une de ses extrémités est ordinairement dentelée plus ou moins profondément, tandis que l'autre offre seulement un petit pédicule par lequel chaque écaille imperceptible s'attache à la membrane transparente de l'aile.

Si ensuite, avec un grossissement moins fort, vous examinez

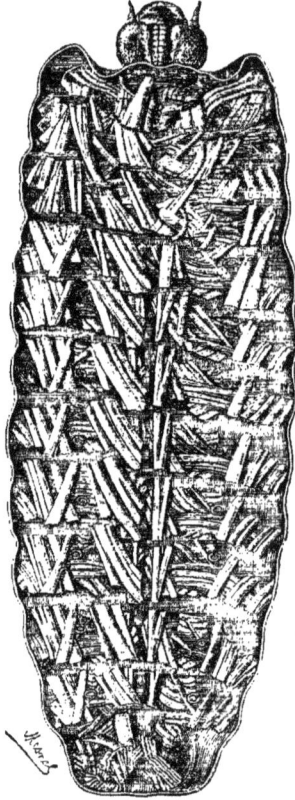

Fig. 57. — Appareil musculaire de la chenille du saule. — D'après Lyonnet.

une portion de celle-ci, vous voyez que toutes ces écailles microscopiques sont arrangées avec une admirable symétrie, au-dessus les unes des autres, comme les tuiles d'un toit. Et, comme elles sont de taille uniforme et souvent de couleurs très variées, la surface de l'aile ressemble absolument à une mosaïque d'une merveilleuse finesse; non à l'une de celles de nos artistes, mais à un produit de l'art divin[1].

Nos mouvements divers s'exécutent à l'aide de muscles volumineux, charnus, qui s'attachent au squelette. Par rapport à ceux-ci, l'Insecte possède l'avantage numérique et dynamique sur l'espèce humaine. Les anatomistes ne comptent que trois cent soixante-dix de ces muscles chez l'Homme, tandis que le patient Lyonnet en a découvert plus de quatre mille sur une simple chenille.

L'Insecte nous surpasse également en force. Un homme de force moyenne n'écarte qu'avec peine un poids de 20 kilogrammes placé horizontalement. Pesant lui-même 70 à 75 kilogrammes, il n'ébranle donc, durant cet acte, que des masses dont le poids n'atteint même pas le tiers de celui de son corps. Si l'on soumet un Taupe-Grillon à la même épreuve, les résultats sont tout à fait extraordinaires; lui, qui ne pèse que 4 grammes, écarte avec ses deux larges mains un poids de 1 kilogramme et demi, c'est-à-dire qu'il déploie une force qui le surpasse trois cent soixante-quinze fois en pesanteur!

Les plus vulgaires observations mettent en évidence cette puissance des Insectes. Un Scarabée mis sous un chandelier, disait avec raison Walter Scott, le fait remuer et le déplace par ses efforts pour recouvrer sa liberté; ce qui revient au même, ajoutait-il, que si un détenu par ses efforts ébranlait la prison de Newgate pour s'évader!

Malgré leur ténuité et la délicatesse de leurs détails ana-

---

1. Dans des vers délicieux, Lamartine a peint l'existence éphémère du Papillon et cette merveilleuse poussière qui colore ses ailes.

> Naître avec le printemps, mourir avec les roses,
> Sur l'aile du zéphyr nager dans un ciel pur,
> Balancé sur le sein des fleurs à peine écloses,
> S'enivrer de parfums, de lumière et d'azur,
> Secouant, jeune encor, la poudre de ses ailes,
> S'envoler comme un souffle aux voûtes éternelles,
> Voilà du papillon le destin enchanté :
> Il ressemble au désir qui jamais ne se pose,
> Et, sans se satisfaire, effleurant toute chose,
> Retourne enfin au ciel chercher la volupté.

tomiques, les membres de quelques Insectes n'en offrent pas moins une force qui nous étonne comparativement. Quoiqu'il soit presque puéril de parler de la Puce, prenons-la cependant pour exemple, parce qu'elle est malheureusement connue partout. Dans son intéressant ouvrage sur *le Monde invisible*, M. de Fonvielle prétend qu'elle peut s'élever à une distance du sol que l'on peut évaluer à deux cents fois sa taille : à ce compte, dit-il, un homme qui jouirait de la même faculté ne se ferait qu'un jeu de sauter par-dessus les tours de Notre-Dame et la butte Montmartre. La prison ne serait plus possible, à moins d'en construire les murailles d'un demi-kilomètre de hauteur.

A peine si nous pouvons croire aux prodigieux mouvements de l'aile et à sa fine mosaïque de pierreries : les pattes, quoi-

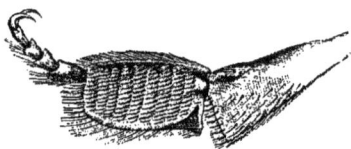

Fig. 58. — Brosse et pince de l'Abeille commune.

que moins agiles et moins parées, sont cependant tout aussi dignes de notre attention. Celles de l'Abeille ouvrière sont de véritables chefs-d'œuvre : elles présentent à la fois une corbeille, une brosse et une pince. L'un de leurs articles est, en effet, une véritable petite brosse, d'une ténuité extrême, dont les poils, disposés par rangées symétriques, ne s'aperçoivent qu'au microscope. Et c'est avec cette brosse d'une finesse féerique que l'Abeille nettoie perpétuellement sa robe velue, pour en enlever la poussière pollinique qui s'y est enchevêtrée tandis qu'elle butinait sur les fleurs et en pompait le nectar. Un autre article, creusé comme une cuiller, reçoit toute la récolte que l'Insecte rapporte à la ruche; c'est un panier à provisions. Enfin, en s'ouvrant l'une sur l'autre, à l'aide d'une charnière, ces deux pièces deviennent une espèce de pince, qui rend d'importants services lors de la construction des gâteaux; c'est avec elle que l'Abeille prend les arceaux de cire sous son ventre, et les porte à sa bouche pour les façonner.

Quelques Insectes aquatiques ont chacune de leurs pattes transformée en autant de rames délicates, ainsi que cela s'observe chez les Dytiques, où ces rames sont même aplaties et bordées de cils, pour frapper l'eau par une plus large surface. D'autres, comme les Mouches, offrent à l'extrémité de leurs membres des espèces de petites lames entaillées, qui leur permettent d'adhérer sans effort aux glaces et aux corps les plus polis.

Combien les œuvres de l'homme sont abruptes et grossières

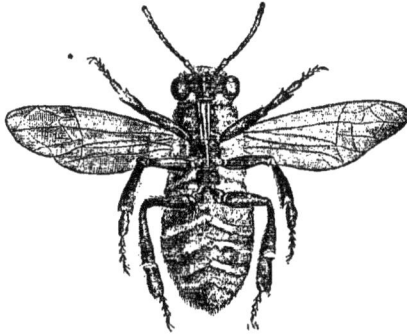

Fig. 59. — Abeille vue en dessous avec les arceaux de cire de son abdomen.

auprès de celles de la nature ! Comparez les instruments que l'Insecte emploie pour son travail à ceux dont nous faisons usage; voyez ses scies, ses râteaux, ses brosses, ses ciseaux; comparez-les aux nôtres, et vous reconnaîtrez immédiatement que tout ce que vous savez faire n'est que bien inférieur à ce qu'il possède. Le scalpel d'un anatomiste vous semble avoir un tranchant d'un précieux travail, son poli vous séduit; examinez-le au microscope, et vous êtes surpris de le voir se transformer en une grossière lame de scie. Il en est de même de la pointe d'une aiguille; elle y devient une imparfaite alêne.

Mettez en regard les scies, les dards ou les râteaux d'un

Insecte, vos yeux s'étonneront de leur prodigieux fini, et tout vous révélera alors la puissance de l'architecte de tant de merveilles. La griffe du Lion le cède énormément en complication à celle de l'Araignée!

Sur les êtres que nous étudions, la faculté tactile acquiert un développement merveilleux; elle supplée aux ressources du

Fig. 60. — Griffe du Lion.

langage : les Fourmis se parlent en se palpant. On ne le croirait pas si un observateur scrupuleux ne l'avait démontré. Et ce fait est si positif que chacun peut, à tout instant, le vérifier.

Lorsque, dans leurs courses, deux de ces intelligents Insectes se rencontrent, on remarque qu'ils se touchent diversement l'un et l'autre avec leurs antennes, et qu'après cela ils semblent

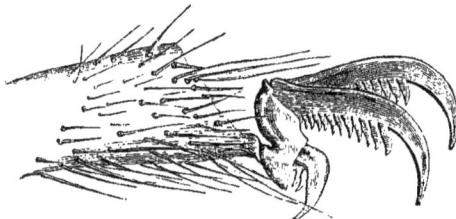

Fig. 61. — Griffe d'Araignée, vue au microscope.

prendre une nouvelle détermination, résultant d'une sorte de communication tactile, qu'Huber nomme *langage antennal*.

L'expérience suivante, entreprise par ce savant, donne à ce fait une incontestable évidence. Ayant jeté une peuplade de Fourmis dans une chambre fermée et munie d'un seul trou très étroit de sortie, il remarqua d'abord que toutes se dissé-

minaient en désordre. Mais bientôt il reconnut que, si dans
ses pérégrinations un seul individu parvenait à découvrir la
porte ménagée, il revenait au milieu des autres; là il en
palpait un certain nombre, et, après cette communication
mimique, toute la population se rassemblait en files régu-
lières, qui s'acheminaient au dehors sous l'impression d'une
pensée désormais commune, la liberté retrouvée.

Chez tous les grands animaux il n'existe que deux yeux;
le moindre Insecte est, sous ce rapport, infiniment mieux doté
qu'eux. La Fourmi, dont l'appareil visuel est l'un des moins
parfaits, en possède déjà une cinquantaine. La Mouche commune en a huit mille, et l'on en compte jusqu'à vingt-cinq
mille sur certains Papillons. Chacun de ces organes présente
même, dans des proportions microscopiques, la plupart des
parties qui entrent dans la composition de notre globe oculaire.
Intimement agglomérés entre eux, ces yeux suppléent à leur
immobilité par leur masse et leur direction vers tous les
points. Leur masse est telle, que sur certaines Mouches elle
envahit la presque totalité de la tête et forme même le quart
du poids du corps.

Ces petits appareils optiques offrent de curieuses modifications, qui révèlent les mœurs des Insectes.

Ceux qui cherchent leur nourriture la nuit les ont plus
foncés. Chez les Insectes carnassiers ils sont plus grands. La
tête des espèces aquatiques en offre parfois plusieurs paires :
les uns sont dirigés en haut, les autres en bas; de manière
qu'en nageant à la surface de l'eau, l'animal voit le poisson
qui le menace dans sa profondeur, ou l'oiseau qui, du haut
de l'air, va fondre sur lui : il échappe au premier en s'envolant,
et à l'autre en plongeant[1].

L'Insecte jouit d'une exquise finesse olfactive; les moindres

---

1. Nous voulons parler ici des Gyrins nageurs, élégants Coléoptères aquatiques,
extrêmement brillants, qui étincellent comme des diamants lorsque le soleil les
frappe à la surface de l'eau, où ils pirouettent constamment avec une surprenante
vélocité, ce qui les a fait désigner sous le nom de *tourniquets*.

odeurs le frappent aux plus grandes distances. Dans l'atmosphère embaumée qui s'exhale des mille plantes d'une prairie
ou d'un jardin, il débrouille celle qu'il aime, et s'abat sur elle
pour la dépecer ou lui confier sa progéniture.

Aux plus grandes distances, l'Insecte carnassier sent l'animal
dont la chair le nourrit. Si un morceau de viande est totalement caché sous une cloche noire, ses exhalaisons attirent
rapidement les Mouches dans un lieu où l'on n'en voyait
précédemment aucune.

Jamais l'animal ailé ne commet d'erreur, et si, dans de

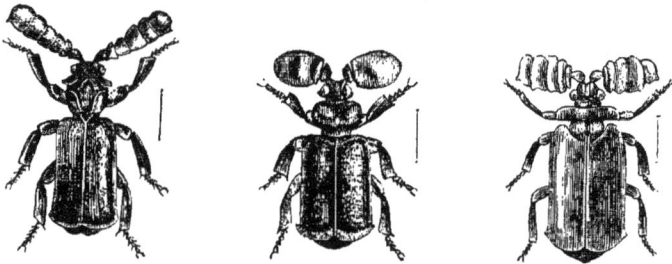

Fig. 62, 63 et 64. — Antennes de formes diverses.
Pentaplatyarthrus paussoides.   *Platyrhopalus denticornis.*   *Lebioderus Goryi.*

rares circonstances, il se méprend, c'est qu'il y a une parfaite
identité entre les émanations odorantes. Ainsi les exhalaisons
cadavériques des fleurs des Stapélias ou des Arums attirent
certains Insectes, à l'instar de la viande pourrie; et ceux-ci,
trompés par cette fausse apparence, déposent sur la plante une
progéniture qui doit infailliblement y périr d'inanition.

Mais où réside un sens si délicat? L'analogie fit penser à
Réaumur et à de Blainville qu'il devait être placé dans les
Antennes, sortes de cornes mobiles qui se trouvent au-devant de
la tête, où elles offrent la plus grande diversité de formes;
tantôt allongées comme des fils articulés, tantôt lamelleuses ou
extraordinairement renflées comme des massues ou des vessies.
En effet, les antennes, ainsi que les narines des grands animaux,

reçoivent la première paire de nerfs qui sort du cerveau. Des expériences exécutées par Dugès tendent à démontrer que ce sont bien elles qui représentent l'organe de l'olfaction. Après les avoir coupées sur des Papillons et des Mouches, ce physiologiste vit que ceux-ci ne pouvaient plus vaquer à la recherche de leur nourriture ou de leur femelle.

Mais l'extrême finesse de l'odorat qu'offrent quelques Insectes ne s'obtient qu'à l'aide d'organes d'une merveilleuse délicatesse et d'une complication qui dépasse parfois toutes nos prévisions. L'Homme et les grands animaux n'ont jamais que deux cavités olfactives; dans les Poissons, celles-ci se réduisent même à une paire de petits sacs à peine apparents. Chez le Hanneton, les odeurs sont perçues à l'aide de poches microscopiques; mais, au lieu d'être réduites à deux, ces poches s'élèvent au nombre de plusieurs millions. Ici encore l'infiniment petit l'emporte sur l'infiniment grand, l'Insecte sur l'Éléphant.

Il faut bien qu'il existe des organes de l'ouïe chez les Insectes, puisqu'ils s'attirent entre eux à l'aide de certains sons, et qu'ils possèdent même pour les produire une instrumentation fort variée. Mais où est exactement leur appareil auditif? c'est ce que l'on ignore encore.

Ce qu'il y a de vraiment extraordinaire, c'est que ces animaux ne semblent percevoir que les bruits qui leur sont utiles, tandis que les autres, quelle qu'en soit l'intensité, ne les affectent nullement. La reine des Abeilles, à l'aide d'un bourdonnement à peine sensible, met tout son peuple en émoi, et se fait suivre d'une armée de combattants. Mais ·si, au contraire, vous produisez des détonations d'armes à feu tout auprès d'une colonie de ces Hyménoptères, pas un seul ne bouge : il semble que le bruit n'en est nullement perçu par eux.

Le Cheval n'a qu'un estomac : souvent l'Insecte en a trois. Chez le premier, celui-ci n'occupe qu'une fraction assez restreinte du corps; chez l'autre, il l'envahit parfois entièrement : l'animal ressemble à un sac digestif ambulant. L'activité dévorante de plusieurs Orthoptères est même secondée par de grosses dents placées à l'intérieur de l'estomac, qui fonctionnent comme une deuxième bouche et achèvent de broyer tout ce qui a échappé à l'action des mâchoires.

La puissance digestive est telle chez certaines chenilles, qu'elles engouffrent chaque jour trois à quatre fois leur poids de nourriture. Si l'alimentation acquérait de semblables pro-portions chez l'Éléphant ou le Rhinocéros, et que ceux-ci

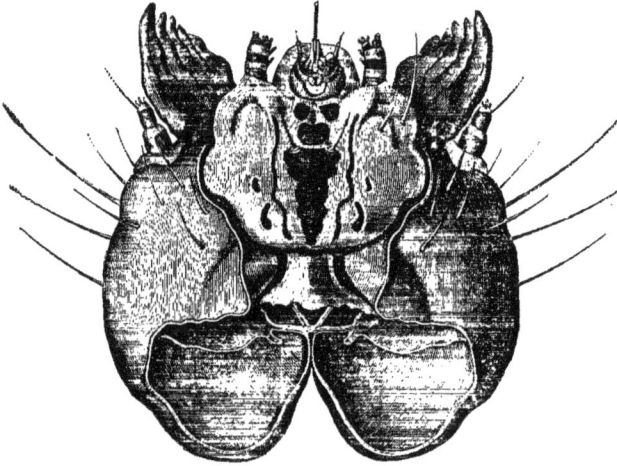

Fig. 65. — Tête et mâchoires de la chenille, d'après Lyonnet (*Traité anatomique de la chenille qui ronge le bois du saule*).

fussent aussi communs à la surface du globe, il ne leur faudrait qu'un temps fort court pour en dévorer toute la végétation.

La première période de la vie de l'Insecte est consacrée au développement, à la nutrition; et c'est alors que celui-ci mange avec la gloutonnerie dont il vient d'être question. Devenu adulte, toute son existence semble n'avoir d'autre but que la reproduction; parfois même à ce moment le canal alimentaire s'oblitère, et l'animal ne prend aucune nourriture. La chenille aux destructives mâchoires, la perdition de nos récoltes, se métamorphose en Papillon dont la trompe inoffensive ne pompe que le nectar des fleurs. Sous son dernier état, l'Éphémère ne vit plus que d'amour; son appareil digestif est totalement anéanti!

Quelques Hémiptères sont cependant toute leur vie d'une grande sobriété, et ne se nourrissent que du suc des plantes. Il n'est pas tout à fait exact de dire qu'ils le sucent, car ils n'ont aucun appareil pour faire le vide et aspirer des fluides, ils les soutirent simplement à l'aide de leur bouche, qui se trouve, à cet effet, transformée en la plus délicate petite pompe aspirante que l'on puisse imaginer. La lèvre inférieure repré-

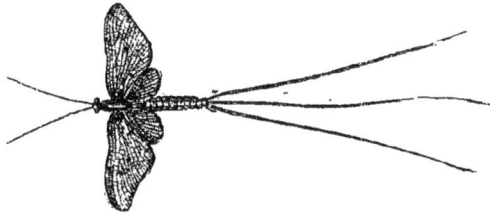

Fig. 66. — Éphémère commune.

sente un tube terminé en pointe, sur le dessus duquel règne une gouttière. Dans celle-ci, quatre fines soies se meuvent comme un piston et, dans leurs mouvements de va-et-vient, aspirent les liquides des plantes et des animaux, aussitôt qu'avec le stylet de son bec l'Insecte en a piqué l'enveloppe. Ainsi, quand le fatal Cousin s'est arrêté sur notre peau et se gorge de notre sang, il ne le suce pas, il le pompe avec des pistons d'une merveilleuse ténuité.

Notre cœur, dont la structure est tant admirée et si admirable, n'est cependant lui-même qu'une bien grossière pompe foulante, comparé à celui des Insectes. Deux larges ouvertures munies chacune de deux soupapes ou valvules destinées à s'opposer au reflux du sang : voilà tout ce qui fonctionne dans cet organe central de la circulation. Si, à l'aide du microscope solaire, on

projette sur un vaste écran tout le corps transparent d'un
Éphémère, on est émerveillé du magnifique spectacle qu'offre
chez lui le mouvement du sang. Le cœur représente un long
vaisseau qui occupe tout le dos de l'animal, et dans lequel le
fluide circulatoire se précipite par huit ou dix ouvertures
latérales, semblables à de petits ruisseaux convergeant vers un
courant plus impétueux. Autant de valvules se soulèvent et
s'abaissent pour en permettre l'entrée et empêcher le retour.
A l'intérieur de ce cœur allongé, de plus grandes valvules, au
nombre de six à huit, s'appliquent sur sa paroi pour laisser
circuler le sang en avant, et se ferment ensuite, durant chaque

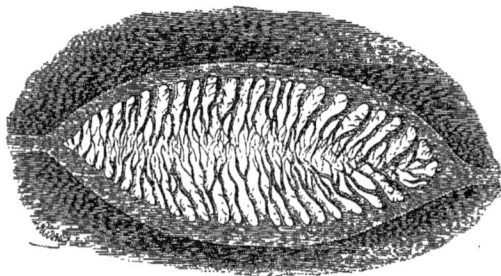

Fig. 67. — Bouche aérienne ou stigmate de Mouche commune, vue au microscope.

contraction, afin d'empêcher qu'il ne revienne en arrière. Le
sang ainsi chassé va parcourir tous les membres.

Les routes qu'il suit sur l'Insecte colossal, reproduit par la lumière solaire sur l'écran, semblent autant de canaux charriant
des globules plus ou moins tassés : tout est là de la dernière évidence. Et cependant, qui le croirait? jamais Cuvier et l'école qui
l'environnait ne voulurent reconnaître ce phénomène. Au lieu de
regarder, ce qui était si facile, ils aimèrent mieux nier la circulation des Insectes, et considérer leur admirable cœur comme
un simple vaisseau sécrétoire, ébranlé par des secousses con-
tractiles. C'est ainsi que marchent les sciences physiologiques;
il faut cent combats pour faire admettre la vérité la plus facile
à vérifier.

Chez nous, comme chez tous les grands animaux, l'air se précipite dans l'appareil respiratoire, sans la moindre précaution de la nature, par un orifice unique et fort ample; toutes les impuretés de l'air peuvent s'y engouffrer et souiller nos poumons.

Les Insectes, au contraire, aspirent le gaz atmosphérique par plusieurs ouvertures, et ce gaz est finement épuré avant son introduction dans l'organisme. Les uns ont, à cet effet, toutes leurs bouches aériennes tapissées d'une membrane percée, comme un crible, d'une multitude de petits trous qui arrêtent les moindres corpuscules de l'air, et fonctionnent à l'instar d'un véritable tamis. D'autres ont chacune de leurs boutonnières respiratoires obstruée par des poils qui y forment une sorte de réseau arborisé, pour le même usage. Sans ces providentielles précautions, les tubes aériens de ces animaux, souvent fins comme des cheveux, eussent à chaque instant été bouchés par la poussière au milieu de laquelle ils vivent.

Lorsque les Insectes habitent l'eau, d'autres soins, non moins admirables, empêchent le liquide de pénétrer dans leurs vaisseaux aérifères. Parfois il existe à l'entrée de l'organe respiratoire une véritable porte à cinq ou six battants, du plus ingénieux mécanisme, que l'animal ouvre et ferme à son gré. Il ne l'ouvre que lorsqu'il vient respirer à la surface des mares; quand il s'enfonce dans leur profondeur, les battants de cette petite porte à air sont strictement clos, et les canaux pneumatiques se trouvent efficacement défendus contre l'invasion du liquide, qui en troublerait les fonctions. C'est ce que l'on voit sur la larve du Cousin commun, qui pullule dans nos eaux stagnantes.

Chez les grands animaux, la respiration s'opère à l'aide d'un appareil distinct, limité, confiné dans une région du corps. Chez les Insectes elle a un plus ample théâtre : l'air s'épanche partout, et, après avoir baigné les organes internes à l'aide de vaisseaux particuliers, les *trachées*, que leur teinte nacrée fait facilement distinguer, il parvient même jusqu'aux plus fines extrémités des pattes et des antennes. Ces vaisseaux offrent à cet effet une structure infiniment remarquable. Ils sont com-

posés d'une fine lame cornée, enroulée comme le fil métallique
d'un élastique de bretelle : disposition qui tend à tenir leurs
parois constamment écartées et à y faciliter la libre circulation
de l'air.

Il n'est personne qui n'ait remarqué, avec un certain dégoût,
une larve blanche à longue queue, qui vit dans les eaux sales et
croupissantes de nos cours et de nos chemins, et qu'on appelle
vulgairement l'*er à queue de rat*. Lorsque j'étais jeune, cette larve
m'inspirait la même répulsion qu'à tout le monde; mais, depuis
que mes yeux, armés d'une loupe, l'ont examinée, et depuis que
j'en ai étudié les mœurs, l'admiration a remplacé la répugnance.

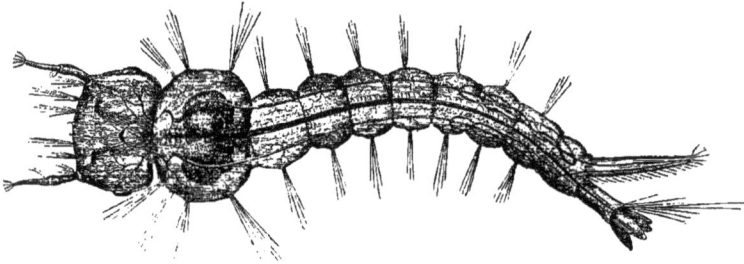

Fig. 68. — Larve du Cousin commun, vue au microscope.

Cette queue extraordinaire, à laquelle l'animal doit son nom, est
un organe respiratoire. Elle contient deux vaisseaux qui vont
disperser l'air dans tout le corps de cette larve de Mouche, car
c'en est une, qui fait partie du genre Éristale. Ces deux canaux
aériens sont contenus dans des tubes de calibre grandissant, qui
s'emboîtent l'un l'autre, et se meuvent absolument comme les
tubes d'une longue-vue.

Ce ver, n'ayant aucun organe natatoire, trouve dans cette ingénieuse disposition le moyen de pouvoir constamment ouvrir à la
surface de l'eau l'orifice de son appareil respiratoire, quel que
soit le niveau de celle-ci. Si le liquide baisse dans la flaque qu'il
habite, tous les tubes rentrent l'un dans l'autre, comme ceux de
l'instrument astronomique, et les trachées aérifères serpentent

à l'intérieur. Si, au contraire, une averse fait démesurément monter l'eau, tous sont projetés au dehors, étirés à l'extrême, et leur orifice n'en atteint pas moins la surface.

L'intention finale de la nature est tellement manifeste dans cette circonstance, que si, à l'imitation de Réaumur, vous plongez une de ces larves dans un verre ne contenant qu'une très petite quantité d'eau, qu'on augmente ensuite peu à peu, sa queue s'allonge à mesure, et prend même un développement extraordinaire, pour subvenir, sans désemparer, aux besoins de la respiration et s'épanouir à la surface du liquide.

Les ravages des Insectes, qui nous occasionnent parfois de si grandes paniques, s'expliquent par leur énorme fécondité. Cette fécondité est tellement prodigieuse, que bien des gens s'imaginent qu'elle résulte d'une création subite, en masse. A ce sujet, Leuwenhoeck calcula qu'une seule Mouche domestique peut produire en trois mois 746 496 petits; aussi Linné a-t-il pu dire, en songeant à la voracité de cette progéniture affamée, que trois Mouches consommaient le cadavre d'un cheval non moins rapidement qu'un Lion.

Les Termites offrent une fécondité encore plus extraordinaire; et, pour les Pucerons, la dixième génération d'un seul de ces Insectes, suivant R. Owen, a produit 1 000 000 000 000 000 000 de petits.

Les œufs des Insectes, dont notre œil n'aperçoit que la forme, nous apparaissent comme autant de petits chefs-d'œuvre d'art, quand la loupe nous en révèle les délicates ciselures ou le mécanisme. Ils se rapprochent généralement de la configuration de la sphère ou de l'ovoïde. Quelques papillons en produisent de cylindriques; ceux des Cousins ressemblent à de charmantes amphores microscopiques. Il en est dont l'extrémité est surmontée d'une couronne de piquants; d'autres représentent exactement une délicate marmite en miniature, dont le jeune habitant n'a, pour naître, qu'à soulever le couvercle.

L'œuf du Pou, qui nous dégoûte tant, offre cette curieuse

structure. Mais, de plus, son ouverture est enjolivée d'un petit
bourrelet saillant et d'une gorge dans laquelle entre le rebord

Fig. 60. — Éristale gluant (*Eristalis tenax*).

de l'opercule, de manière à le fermer hermétiquement. On remarque encore un mécanisme plus ingénieux sur l'œuf de quel-

ques Punaises des bois. Le petit n'a même pas besoin de pousser le couvercle ; il y a à l'intérieur un véritable ressort qui se charge spontanément de cet office ; au moment de la naissance il n'a qu'à sortir ; pour lui, on peut donc dire, avec raison, qu'il ne se donne même pas la peine de naître.

Souvent aussi, la surface des œufs se fait remarquer par l'admirable finesse de ses guillochures. Les uns sont recouverts de grosses côtes, qui s'étendent d'un pôle à l'autre ; d'autres n'offrent que de fines lignes artistement burinées ; enfin, quelques-uns ont leur surface recouverte d'un réseau de dentelle. Pour eux, la nature a aussi épuisé toute la richesse de sa palette. Ils sont peints des plus douces ou des plus éclatantes teintes du bleu, du vert, du rouge ; quelques-uns ressemblent absolument à de la nacre, et il en est qu'on prendrait pour autant de charmantes petites perles irisées.

La sexualité des Insectes offre elle-même de curieuses, particularités. Il n'y a pas seulement parmi eux des mâles et des femelles ; quelques-unes de leurs républiques ont, en outre, des individus absolument dépourvus de sexe ; et ce sont ces neutres qui seuls travaillent et deviennent l'élément de leur prospérité et de leur puissance. Les uns sont de véritables ouvriers, les autres de braves soldats. Mais ces individus, que l'on reconnaît à leurs formes ou à leurs armes spéciales, ne sont en réalité que des femelles avortées. Les abeilles le savent parfaitement elles-mêmes, ainsi que nous le verrons.

A toutes ces merveilles de la vie des Insectes il faut encore ajouter l'inexplicable phénomène de ces lueurs éclatantes que divers projettent au milieu des ténèbres, et qui tantôt, dans leur vol, sillonnent l'air de longues traînées de feu, et tantôt illuminent paisiblement le feuillage où ils reposent.

Tout le monde connaît le Lampyre Ver luisant, qui, à l'automne, donne à nos gazons l'apparence d'un ciel constellé. Mais dans l'Amérique tropicale il existe des Insectes phosphorescents bien autrement éclatants. La Fulgore porte-lanterne peut suppléer une lampe, par la lumière vive dont resplendit sa tête monstrueuse. Sibylle de Mérian rapporte qu'à Surinam elle lisait parfois les gazettes à l'aide d'un seul de ces Hémiptères[1].

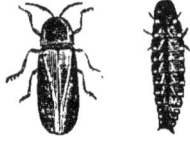

Fig. 70. — Lampyre noctiluque ou Ver luisant, mâle et femelle (*Lampyris noctiluca*, Lin.).

Aux Antilles, la phosphorescence des Insectes est même journellement utilisée. Là on se sert d'un Taupin lumineux, dont

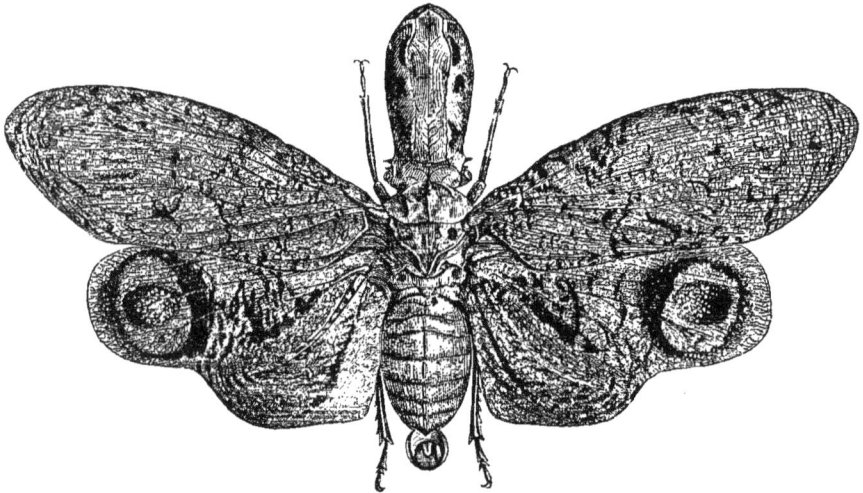

Fig. 71. — Fulgore porte-lanterne (*Fulgora lanternaria*, Lin.).

le corselet vevient éblouissant au milieu des ténèbres. A Cuba, souvent les femmes renferment plusieurs de ces Coléoptères

1. Ce sont probablement des Insectes ailés et lumineux appelés Fulgores que Fontenelle confond avec des Oiseaux, lorsque dans ses *Mondes* il suppose que la planète de Mars possède quelque moyen extraordinaire pour s'éclairer durant ses tristes nuits, et suppléer aux lunes qui lui manquent. « Vous savez, dit-il à la marquise, qu'il y a en Amérique des Oiseaux qui sont si lumineux dans les ténèbres, qu'on s'en peut servir pour lire. Que savons-nous si Mars n'a point un grand nombre de ces oiseaux, qui, dès que la nuit est venue, se dispersent de tous côtés, et vont répandre un jour nouveau? »

dans de petites cages en verre ou en bois, qu'elles suspendent
dans les appartements, et ce lustre vivant y répand assez de

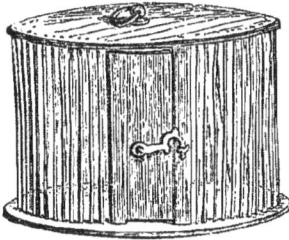

Fig. 72. — Cage ou lustre à Taupins, employée
pour l'éclairage aux Antilles.

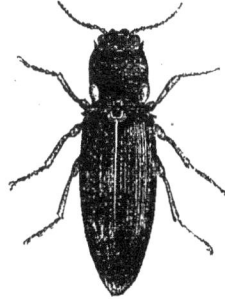

Fig. 73. — Taupin lumineux
des Antilles (*Pyrophorus
strabus*, Bl.).

clarté pour suffire aux travailleurs. Là aussi, les voyageurs

Fig. 74. — Case de nègres éclairée par des Taupins lumineux.

éclairent leur marche au milieu de la nuit, dans un chemin
difficile, en attachant un de ces Taupins sur chacun de leurs

pieds. Les créoles en mêlent parfois aux boucles de leur chevelure, et ces Taupins, comme de resplendissantes pierreries,
donnent à leurs têtes le plus féerique aspect. Pendant leurs
danses nocturnes on voit encore les négresses parsemer de ces
brillants Insectes les robes de dentelle que la nature leur offre
toutes tissées à même l'écorce du Lagetto. Dans leurs mouve-

Fig. 75. — Staphylin odorant (*Staphylinus olens*, Pans.). (Voyez p. 124.)

ments rapides, elles semblent enveloppées d'une robe de feu :
c'est l'embrasement de Déjanire, sans son horreur.

Les sciences n'expliquent pas avec plus de succès la coloration et les sécrétions qu'offrent certains Insectes; et elles
n'ont été que médiocrement heureuses en cherchant dans le
monde extérieur tous les éléments des mystérieux phénomènes
de l'organisme. Celui-ci nous dérobera peut-être encore longtemps ses secrets synthétiques.

Comment donc la Cochenille du Nopal trouve-t-elle, dans les
sucs verdâtres du Cactus qui la nourrit, la magnifique couleur
rouge, le carmin qui gonfle tout son corps?

Le Cérambyx musqué exhale le plus suave parfum de la rose; l'air en est embaumé tout autour du saule qu'il habite, et ses émanations le trahissent fatalement au collecteur qui le poursuit. Mais le feuillage de cet arbre nourrit aussi d'infectes Punaises. Est-ce que, d'un même aliment, l'un peut retirer les plus merveilleuses essences, et l'autre seulement des humeurs d'une repoussante fétidité?

L'Abeille exsude l'émolliente cire par l'une des régions de son corps et, dans une autre, sécrète de brûlants caustiques. Le nectar des fleurs peut-il donc fournir le miel embaumé et les plus âcres venins?

La Cantharide et le Méloé transforment en funestes poisons les sucs inoffensifs des frênes et de l'herbe de nos prairies. Et combien ces insectes toxiques n'ont-ils pas fait de victimes parmi nous[1]! Et cependant c'est cette même herbe qui surcharge de graisse la viande de nos bestiaux. Et comment enfin, de sa nourriture sordide, le Staphylin embaumé extrait-il le parfum exquis qui s'exhale de ses anneaux, et enduit les doigts de tous ceux qui le touchent?

---

1. Les œuvres des savants de presque toutes les époques contiennent de lamentables histoires d'empoisonnements produits par ce redoutable Coléoptère. Pline rapporte que Cossinus, chevalier romain et favori de Néron, mourut après avoir pris un breuvage préparé avec des Cantharides par l'un de ces médecins égyptiens qui étaient fort en vogue à Rome.

II

LES MÉTAMORPHOSES

Né sous une forme, l'Insecte meurt sous une autre, et les métamorphoses qu'il subit deviennent l'acte le plus important de son existence et le plus extraordinaire phénomène de la physiologie. Organisme et fonctions, tout change. La laide chenille se transforme en un Papillon resplendissant d'azur et d'or. Et, si vous déposiez alors sur des feuilles fraîches ce Papillon qui en dévorait des masses dans son jeune âge, il y succomberait d'inanition ; car, depuis qu'il s'est paré de ses brillantes ailes, il lui faut une plus suave nourriture, il ne vit plus que du nectar des fleurs.

La Libellule, en apparaissant dans sa dernière robe, contracte d'autres mœurs. Elle a passé toute sa vie sous l'eau à l'état de larve ignoble, souillée de vase et de fange ; mais, quand le temps est venu, elle aspire à s'élancer dans l'air. Après être montée sur quelque herbe, elle y accroche sa défroque aquatique, et se revêt d'ailes de tulle irisées, qui l'emportent au loin. La métamorphose est si radicale, et les nouveaux besoins si impérieux, que, si vous vouliez retenir une seule minute de plus l'Insecte dans son ancien élément, il y périrait à l'instant. Il n'a vécu jusqu'alors que dans l'ombre et l'eau infecte : désormais il ne peut respirer qu'à l'air pur, à la lumière resplendissante.

L'Insecte adulte diffère tellement du jeune, que sur l'un on ne reconnaît nullement l'autre. Le Scarabée aux élytres d'émeraude, que révérait l'antique Égypte, ne ressemble en rien au hideux ver souterrain qui le produit. Singulière métamorphose, dans laquelle, selon M. Goury, les nations des rives du Nil ne voyaient que le symbole de la transmigration des âmes.

Aristote, dont le génie a jeté de si vives clartés sur l'histoire des animaux, avait seulement soupçonné leurs métamorphoses. Il faut arriver jusqu'à l'époque de la Renaissance pour voir Redi commencer à en tracer l'histoire d'une main ferme. A l'illustre médecin de Florence succédèrent Malpighi, le grand

Fig. 70. — Bousier sacré des Égyptiens (*Ateuchus sacer*, Latreille).

anatomiste, et surtout Goedart, simple et excellent observateur, qui, dans un livre aussi rare que curieux, met en regard chaque chenille et son papillon.

En naissant, l'Insecte est toujours privé d'ailes. Cet appareil ne se développe qu'à la dernière période de sa vie, celle qui se trouve absolument consacrée à la reproduction. Le jeune être se présente ordinairement sous la forme d'un ver, auquel Linné donnait le nom de *larve* ou celui de *masque*, qui rappelle ingénieusement que ce ver n'est qu'une espèce de déguisement préliminaire, sous lequel il cache sa brillante livrée.

Fig. 77. — Vie et métamorphose de la Libellule déprimée. — A, insecte parfait; B. insecte abandonnant sa dépouille de nymphe; C, C, D, larves de nymphes.

Cette première période de la vie est absolument consacrée au développement : la larve ne fait que manger et croître. Mais ordinairement, à un moment donné, son activité cesse; elle se ratatine, se dépouille, revêt une forme nouvelle et devient immobile. C'est alors qu'on lui donne le nom de *nymphe*; c'est là un véritable état transitoire; dans cette espèce de sépulcre

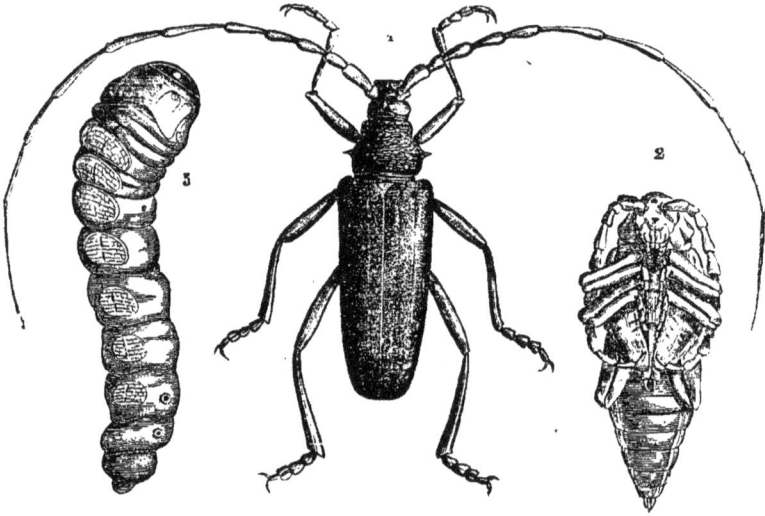

Fig. 78. — Les trois états de l'Insecte.
La larve ou chenille; 2. La nymphe ou chrysalide; 1. L'Insecte parfait ou Image,
chez le Grand Capricorne (*Cerambyx heros*).

temporaire s'anéantit l'existence inachevée de la chenille et commence celle de l'Insecte parfait.

La transfiguration est aussi radicale au fond qu'à la surface. Tout l'organisme, à un certain instant, semble presque se confondre en une pâte homogène d'où va surgir le nouvel être vivant. Ordinairement la nymphe ne se revêt que d'un linceul brun, de la plus modeste apparence : elle semble une immobile momie enveloppée de ses bandelettes. Mais parfois aussi, à l'instar des rois, elle se sculpte un sarcophage enrichi d'or. De là, la dénomination de *chrysalide* qui lui a été imposée.

A un moment donné, moment suprême, aurore d'une nouvelle vie, cette *momie* emmaillotée comme une Diane d'Éphèse sort enfin de sa torpeur, s'anime, déchire son obscure enveloppe, et apparaît sous la forme d'un Insecte tout ruisselant de saphirs et d'émeraudes.

C'est ce dernier terme de l'organisation que l'on nomme l'*Insecte parfait*, l'*Image*, comme disait Linné dans son langage figuré.

La naissance du nouvel être est vraiment merveilleuse, car, malgré les efforts inouïs qu'elle a exigés, il sort de ses langes dans un état de fraîcheur inconcevable. Le moindre frôlement enlève les écailles d'un Papillon, et pas une de celles-ci n'est perdue quand il s'échappe à travers l'étroite ouverture de sa prison! Ce Paon de nuit, avec ses grands yeux d'Argus sur sa robe, surgit de son sarcophage corné sans y accrocher l'un des poils de ses ailes veloutées!

Beaucoup d'Insectes font encore plus pour protéger leur métamorphose : ils s'enveloppent d'un manteau de soie, dont le tissu les préserve des atteintes de la pluie ou du froid. Chez certains Papillons il est évident que ce tissu a été disposé pour remplir cette double mission. Une couverture extérieure serrée, semblable à la toiture en paille de nos maisons rustiques, laisse glisser les orages sans en être imbibée; une autre, intérieure et moelleuse, défie les rigueurs de l'hiver. Ensevelis à l'automne sous ce double abri, certains Insectes attendent en sécurité le printemps pour renaître. Il en est qui tissent ainsi leur cocon d'un fil continu, et l'Homme a inventé une industrie et des métiers pour dévider à son tour le cocon du ver. Il en tire la soie, le plus précieux et le plus solide de tous les textiles.

La magie des métamorphoses surpasse tout ce que l'on peut imaginer; ce sont autant de coups de théâtre, dont le dernier fait surgir un être absolument inattendu.

Le Papillon, qui, dans ses divers âges, se ressemble si peu lui-même, paraît naître et mourir trois fois; mais il ne s'agit ici que d'une simple évolution, s'accomplissant au milieu d'une

apparente inertie, durant laquelle la vie seule entretient ses
ressorts cachés. La chenille contient déjà tous les rudiments des
formes qu'elle va successivement revêtir. Le génie de l'anatomiste y découvre en quelque sorte trois êtres emboîtés les uns
dans les autres, et dont le dernier, enveloppé d'un double linceul,
l'écarte enfin pour apparaître dans toute sa beauté.

Quelques Insectes ne représentent cependant ni l'immobilité,
ni la transfiguration complète dont nous venons de parler. Le
passage d'une vie à une autre s'opère à l'aide d'une succession

Fig. 79. — Petit Paon de nuit (*Bombyx pavonia minor*, Fab.).

de développements. Beaucoup aussi conservent même, sous tous
leurs états, une existence constamment active. On ne reconnaît
la larve qu'à l'absence de ses ailes, et la nymphe que parce
qu'elle en a seulement de rudimentaires. Telles sont les Punaises
des bois et les Forficules ou Perce-Oreilles.

Mais l'être parfait n'arrive ordinairement au terme de la vie
qu'après avoir subi une totale métamorphose. Sa dernière forme
n'est qu'un brillant habit de noce, et presque toujours il expire
aussitôt que les flambeaux de l'hymen se sont éteints. Tel
Insecte, comme l'Éphémère, larve ignorée et imparfaite, met
plusieurs années à se développer sous l'eau et la vase, puis se

revêt d'ailes, et ne subsiste qu'une heure seulement avec toutes
les prérogatives de la vie!

Les deux existences, chez les espèces qui présentent de radicales
métamorphoses, n'ayant aucun rapport, l'organisme devait subir
une transformation absolue.

Le Papillon, qui ne va plus se nourrir que de nectar, rejette
sa dévorante tête de chenille et ses robustes mandibules, désormais inutiles; une trompe allongée les remplace pour pomper
les sucs des fleurs. Les vigoureuses pattes de la larve, dont les
crampons adhèrent si fortement aux feuilles, eussent offensé les
fleurs que ce Papillon va fréquenter; il s'en dépouille, et les

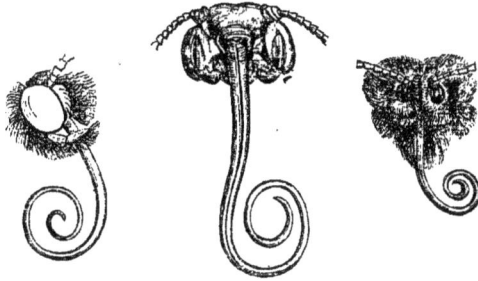

Fig. 80. — Têtes et trompes de divers Papillons.

change contre des membres longs et délicats, qui effleurent à
peine le velours de leurs pétales.

Jusqu'à un certain point, le génie de l'anatomiste pénètre
l'intention de la nature; guidé par l'analogie, il voit dans cette
informe chenille les linéaments du Papillon. Malpighi, qui nous
a laissé de si brillants travaux sur les Vers à soie, avec ses yeux
de lynx apercevait déjà dans leur nymphe les organes de la
maternité. Ramdohr et Carus ont fouillé encore plus avant, et
sont parvenus à discerner dans les chenilles les premiers rudiments de l'ovaire, cette véritable fabrique d'œufs.

Mais que de merveilles encore inaperçues, inexpliquées!
L'Image est précieusement protégée par une succession d'enveloppes dont elle se dépouille tour à tour. Puis, comme avant-

dernière scène de la vie, celle que revêt la chrysalide est plus
épaisse, plus robuste, plus rembrunie et moins ornementée que
toutes les autres; et c'est sous celle-ci, cependant, qu'une divine
alchimie sème sa poussière d'or et d'argent sur les élytres de
l'Insecte, ou les émaille de saphirs et de rubis.

En effet, lorsque le nouvel être, brisant ce laboratoire sé-
pulcral, s'épanouit à la lumière, sa robe éblouissante reflète
le plus vif éclat des métaux ou étincelle de pierreries. Aucun
animal, aucune plante n'étale autant de richesses; nos plus
belles parures n'en approchent pas. Aussi, subjugué par l'admiration, dans sa Théologie des insectes, Lesser a-t-il pu
s'écrier : « Jamais Salomon, sur son trône resplendissant,

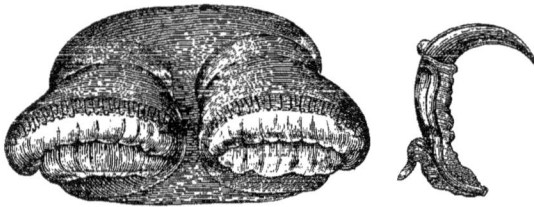

Fig. 81. — Pattes à crampons et ongles de la Chenille du saule, d'après Lyonnet.

n'a été aussi magnifiquement vêtu que l'une de ces frêles
créatures! »

Dans les anciennes chroniques il est assez souvent question de gouttes de sang tombées çà et là comme un si-
nistre présage, ou même de véritables *pluies de sang*, qui
ont jeté l'effroi parmi nos superstitieux ancêtres. Les savants
expliquent parfaitement aujourd'hui ce phénomène, qui se
lie aux métamorphoses des Insectes.

Grégoire de Tours parle déjà d'une pluie de sang qui
tomba durant le règne de Childebert et répandit l'épouvante parmi les Francs. Mais la plus célèbre est celle qui
eut lieu à Aix en Provence durant l'été de l'année 1608.
Elle avait frappé de terreur les habitants de toute la contrée. Les murailles du cimetière de l'église et celles des

maisons des bourgeois et des paysans, à une demi-lieue à

Fig. 82. — Pluie de sang. Vanesse Grande Tortue (*Vanessa polychloros*, Linné).

la ronde, étaient toutes tachées de grosses gouttes de sang.
Un attentif examen de ces gouttes avait convaincu un

savant de cette époque, M. de Peirese, que tout ce qu'on débitait sur ce sujet n'était qu'une fable. Cependant il ne put d'abord expliquer cet extraordinaire phénomène, mais un hasard lui en révéla ostensiblement la cause. Ayant renfermé dans une boîte une chrysalide d'un des Papillons qui s'étaient montrés alors fort abondamment, quel ne fut pas son étonnement lorsqu'il aperçut une tache d'un rouge vif à l'endroit où s'était opérée sa métamorphose!

Le savant avait là réellement découvert la cause de ces pluies prodigieuses, qui ont frappé de stupeur tant de gens. Beaucoup de Papillons, en effet, peu d'instants après être sortis de leur maillot de chrysalide, rejettent un fluide épais, coloré, qui s'est amassé dans l'intestin pendant leur reclusion. Celui-ci est d'un rouge de sang chez certains Lépidoptères diurnes, en particulier les Vanesses, et surtout, parmi elles, la Grande Tortue, que Réaumur accuse principalement du fait.

M. de Peirese reconnut en effet que la pluie de sang d'Aix avait été accompagnée de l'apparition prodigieuse de Papillons appartenant à la même espèce que ceux qu'il avait renfermés. Et il est dit dans l'*Encyclopédie* que ses conjectures furent confirmées, en ce que l'on ne trouva aucune tache sur les toits, mais seulement sur les étages du bas des maisons, lieux que les Papillons choisissent pour leurs métamorphoses.

III

L'INTELLIGENCE DES INSECTES

Descartes, qui n'avait guère observé les Insectes, ne voyait en eux que d'ingénieuses machines, de vrais automates vivants, montés une seule fois pour mettre en mouvement leurs rouages et leurs ressorts; tout ce qu'a de merveilleux leur existence semblait avoir échappé à ce brillant génie. Lorsque le cartésianisme eut fait son temps, quelques philosophes timorés consentirent cependant à reconnaître d'obscures traces d'instinct chez ces animaux.

Mais, à mesure que l'on étudia mieux ces miniatures de la création, à mesure aussi on leur découvrit quelques facultés élevées et des sensations perfectionnées, auxquelles succèdent la comparaison et le jugement. Nous les voyons même accomplir des actes dont le but confond notre esprit; ils agissent dans la prévision d'un avenir dont aucun tableau matériel n'a pu leur révéler l'existence.

Tout nous étonne dans la vie de l'Insecte, et ces travaux dont le fini et l'étendue tiennent du prodige, et ceux dont aucune tradition n'a pu lui dévoiler l'urgence.

Ce Papillon, qui s'échappe au printemps de son coffre de momie, n'eut jamais de rapports avec aucun des siens; comment donc, à l'automne, déploiera-t-il tant de soins prévoyants pour une progéniture qu'il ne doit jamais voir? Ces soins si délicats, cette prévoyance extrême, ne peuvent même pas être un reflet de ses premières impressions! Les images s'en fussent effacées durant ces métamorphoses qui l'ont bouleversé de fond en comble.

A cette Libellule née sous l'eau, vivant dans l'ombre, plongée

dans la vase, qui donc révèle que sa dernière patrie n'est que le
ciel resplendissant? Et quand, entraînée par une suprême aspiration, elle va rejeter son ignoble vêtement de larve, pour s'im-
biber d'air et de lumière, qui donc marque le moment précis où
elle doit se ravir au fond des marécages, se parer de sa brillante
robe de fête et, semblable à l'oiseau, s'élancer dans l'atmosphère?

Gall et Camper, qui ont mesuré l'intelligence des Mammifères
d'après les proportions du cerveau ou de l'angle facial, auraient bien eu aussi quelque chose à faire sur les Insectes. On
remarque en effet que les plus ingénieux d'entre eux ont un
système nerveux plus centralisé que les autres, et une tête proportionnellement plus grosse.

Cette observation a été faite par de célèbres physiologistes à
l'égard des Abeilles et des Araignées, qui ont des facultés assurément plus élevées qu'aucun autre animal de leur tribu. Ratzeburg, dans les magnifiques planches de son ouvrage, a même
représenté le cerveau des premières pour donner l'idée de son
ampleur.

On sait que Camper admettait que plus les animaux ont l'angle facial aigu, et plus aussi leur intelligence est dégradée. Un
savant anglais, White, a rendu cela graphiquement sensible en
figurant la tête d'une grande série d'espèces de Vertébrés, depuis
l'Homme jusqu'à la Grue, dont l'extrême allongement de la face
correspond à l'infériorité intellectuelle. On pourrait peut-être
exécuter quelque travail analogue pour les Insectes. Au commencement du tableau se trouveraient les Cicindèles et les Carabiques,
audacieux carnassiers aux mœurs féroces et à la tête fortement
accentuée; à la fin se verraient les timides Charançons au bec
effilé, qui, par l'allongement extrême de leur angle facial et leurs
capacités bornées, correspondraient parfaitement aux Grues.

L'intelligence des Insectes, dans certaines circonstances, s'élève
jusqu'à la ruse la plus raffinée : on est tout surpris de rencontrer en eux tant d'invention et de fourberie. Les exemples abondent. Un carnassier affamé de proie vivante, mais qu'un cadavre

dégoûte, est-il sur le point de saisir dans l'eau la grosse larve rugueuse d'un Dytique, tout à coup celle-ci a deviné son ennemi ; et aussitôt qu'il la touche, elle qui s'agitait turgide et vigoureuse, devient immédiatement molle et d'une flaccidité repoussante. L'agresseur croyant n'avoir plus dans la bouche qu'un animal mort, le dégoût lui fait lâcher sa proie....

Adulte, ce Coléoptère, étant devenu corné, ne peut plus s'affaisser, mais alors il emploie une autre ruse. Aussitôt qu'on

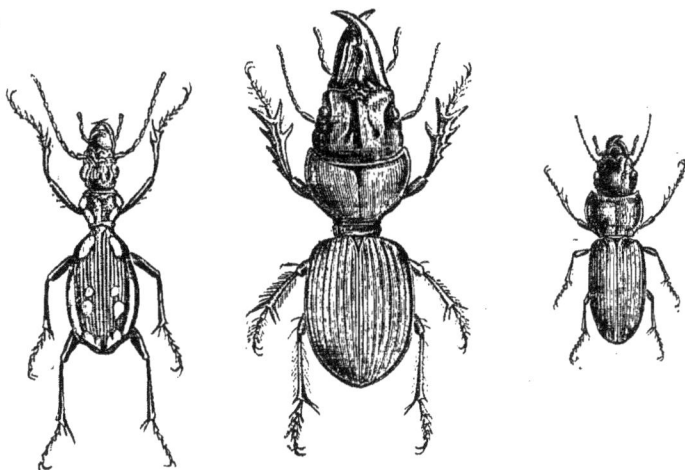

Fig. 83. — Coléoptères de la tribu des Carabiques.

prend un Dytique de nos marécages, il est à peine saisi que de tous les pores de sa peau on voit sortir un fluide blanc, laiteux, d'une repoussante fétidité. L'animal le plus affamé n'y résisterait pas.

Enfants, nous avons tous été frappés par la vue de ces Coléoptères qui, à peine dans nos doigts, feignent par leur immobilité d'être tout à fait morts, et qui, aussitôt abandonnés, déraidissent peu à peu leurs membres et bientôt fuient à toutes jambes. Quelques-uns restent si obstinément immobiles quand on les tourmente, que rien ne peut les tirer de leur feinte obstinée. La Vrillette entêtée, si véridiquement nommée, se laisse plutôt

flamber ou noyer que de fuir, quand une fois la frayeur l'a con-
tractée. L'expérience a prouvé ce que nous avançons. De Geer et
Duméril affirment qu'ayant vivement effrayé plusieurs Coléoptères
de cette espèce, ils se laissèrent brûler sans essayer de s'échapper.

D'autres, pour se soustraire à leurs ennemis, poussent encore

Fig. 84. — Charançon du pin, grossi.

a ruse plus loin. Jeunes et faibles, ils se couvrent d'un masque
insidieux, d'une guenille repoussante ou d'une enveloppe infecte, de toiles d'araignée ou d'excréments ; ces mêmes Insectes
meurent revêtus d'un manteau de pourpre et d'or.

Tel se voit le Criocère du lis. Son ignoble larve, molle et crain-

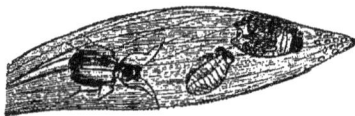

Fig. 85. — Criocère du lis et sa larve.

tive, se tapisse le dos de ses fétides déjections, pour dégoûter les
Oiseaux insectivores. Puis, plus tard, débarrassé de son repous-
sant vêtement, le Coléoptère se promène sur la royale plante avec
une magnifique robe d'un rouge vermillon.

Les Bombardiers sont encore plus ingénieux ; c'est à l'aide

d'une véritable artillerie qu'ils épouvantent leurs ennemis.
Quand ils sont menacés, ces Coléoptères exhalent subitement de
leur intestin une vapeur blanchâtre, acide, qui sort en produisant un certain bruit, une petite détonation, capable de jeter le
désarroi parmi leurs agresseurs. Cette explosion peut même se
répéter un certain nombre de fois. Aussi, lorsque l'un de ces Insectes est poursuivi par quelque ennemi, il fuit en faisant de
nouvelles décharges de son artillerie. L'instinct de la défense est
tellement inhérent à la tribu des Bombardiers, qu'au seul coup

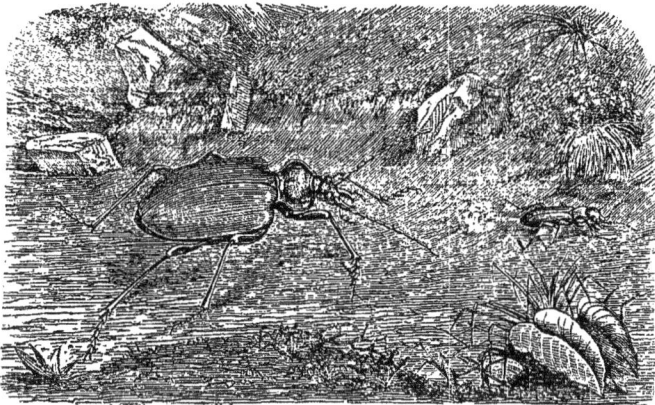

Fig. 86. — Bombardier battant en retraite devant un Calosome.

de canon d'alarme de l'un d'eux tous les autres crépitent en
même temps : c'est un feu roulant sur toute la ligne. Le bruit
produit par ces Coléoptères a assez d'intensité pour effrayer ceux
qui ne connaissent pas leur ruse. On voit souvent de jeunes
personnes qui, ayant saisi l'un d'eux, le laissent subitement
s'échapper de leurs doigts, étonnées de cette singulière attaque.

L'automatisme des Insectes n'a guère été soutenu que par ceux
qui ne les ont jamais observés ; les naturalistes, eux, qui les connaissent, leur accordent au contraire des facultés assez élvées.

Un Hémiptère que ses ruses ont rendu célèbre, le Réduve
masqué, se cache sous un déguisement tout aussi insidieux que

celui du Criocère, mais qui a l'avantage d'être infiniment moins
dégoûtant. Il se couvre d'une guenille de toile d'araignée et de
poussière, afin de mieux se confondre avec celle-ci, au milieu de
laquelle il se cache en attendant sa proie au passage.

Le baron de Geer, ce Réaumur de la Suède, a décrit d'une manière pittoresque la ruse de cet Insecte. « Cette Punaise, dit-il, a,
sous forme de nymphe, ou avant que ses ailes se soient déve-
loppées, une figure tout à fait hideuse et révoltante. On la prendrait, au premier coup d'œil, pour une Araignée des plus laides.
Ce qui la rend si désagréable à la vue, c'est qu'elle est entière-

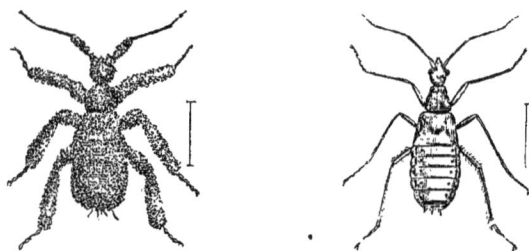

Fig. 87. — Réduves masqués, jeunes. L'un couvert de sa guenille de poussière et de toiles
d'araignée; l'autre qu'on en a débarrassé en le brossant.

ment couverte et enveloppée d'une matière grisàtre, qui n'est
autre chose que de la poussière qu'on voit dans les recoins des
chambres mal balayées, et qui est ordinairement mêlée de sable
et de parcelles de laine ou de soie, qui rendent les pattes de cet
Insecte grosses et difformes et donnent à tout son corps un air
fort singulier. »

Le Réduve n'en possède pas moins des formes fort sveltes;
mais, pour en jouir, il faut lui donner un coup de brosse.
Sous son déguisement, il marche très lentement, comme sur-
chargé par son accoutrement, pour surprendre insidieusement
sa proie. Mais, quand il a rejeté son froc et revêtu ses ailes, il
devient agile, et, comme le dit ingénieusement M. Figuier dans
son excellent ouvrage sur les Insectes, « on le voit alors gagner
ouvertement sa vie ».

Lorsqu'un ennemi peu redoutable se faufile dans une ruche d'Abeilles, les premières sentinelles qui l'aperçoivent le percent de leur aiguillon et, en un clin d'œil, en rejettent le cadavre hors de la demeure commune. Le travail n'en est nullement interrompu.

Mais il n'en est pas de même si l'agresseur est une forte et lourde Limace. Un frémissement général s'empare des travailleurs; chacun apprête ses armes, tourbillonne autour de l'envahisseur et le perce de son dard. Assailli avec furie, blessé de tous côtés, empoisonné par le venin, l'animal rampant meurt au milieu de violentes contorsions. Mais que faire d'un si pesant ennemi? Les petites pattes de toute la tribu ne suffiraient pas pour en ébranler le cadavre, et l'étroite porte de la ruche pour le laisser passer. Ses exhalaisons putrides vont cependant bientôt infecter la colonie et y développer le germe de quelque maladie. Comment sortir de cet embarras?

La république avise et prend une résolution subite. Comme si on y connaissait à fond l'art de l'ancienne Égypte, ainsi que sous les Pharaons on embaumait les cadavres des animaux, soit dans un but religieux, soit pour se préserver de leurs émanations pestilentielles, toutes les Abeilles se mettent immédiatement à l'œuvre et embaument le mort dont la présence les menace. A cet effet les Ouvrières se dispersent dans la campagne pour y recueillir la matière résineuse qui englue les bourgeons, car c'est elle qui remplace les essences et l'aloès des ensevelisseurs de la Thébaïde. Avec cette substance les Abeilles enveloppent étroitement le mort, en guise de bandelettes, et déposent tout autour de son corps une couche épaisse et solide qui le préserve de la putréfaction.

Après de si ingénieuses combinaisons, qui serait tenté, avec Malebranche et tous les continuateurs de la scolastique, de considérer l'Insecte comme un automate fatalement destiné à n'accomplir qu'une série d'actes en rapport avec son mécanisme? Nous sommes ici bien loin du joueur de flûte de Vaucanson, ou de son fameux canard mécanique, qui mangeait et digérait les aliments en présence des spectateurs.

Mais ces mêmes Abeilles développent sinon autant d'art, du moins plus de finesse encore dans d'autres circonstances. Si, au lieu d'une molle Limace, vulnérable de tous côtés, c'est un Escargot cuirassé qui viole l'asile de la république, tout se passe d'une autre manière. Quand l'essaim commence à l'attaquer, le Mollusque s'enfonce dans sa coquille, l'applique contre le sol et se trouve ainsi à l'abri de toute agression. Cependant, la présence d'un ennemi si bien retranché donnant de l'inquiétude, comme on ne peut le tuer, on l'enchaîne sur place. Les travailleurs déposent tout autour de sa carapace une solide bordure de substance résineuse qui la colle intimement à la ruche. Il faut alors que l'envahisseur meure dans son gîte, car tout mouvement, toute évasion, lui sont désormais impossibles.

Réaumur surprit ainsi un Limaçon enchaîné sur le verre de l'une de ses ruches à expériences, dans laquelle il avait imprudemment pénétré. J'ai eu l'occasion d'observer un semblable prisonnier dans les mêmes circonstances.

De tels faits n'accusent-ils pas une certaine prévoyance? L'instinct aveugle pourrait-il les produire? Qui oserait les rapporter à l'automatisme?

Certains Insectes ont une idée de l'ordre et de la stratégie. Quand ils vont à la curée ou à la bataille, comme nous le verrons dans un autre chapitre, leur armée s'avance avec un soin et une prudence qu'on serait loin de s'attendre à trouver chez d'aussi infimes animaux : elle a ses chefs, ses vedettes et ses éclaireurs.

Mais aucun acte de l'intelligence des Insectes n'égale celui par lequel les Abeilles se façonnent une Reine, quand celle-ci vient à leur manquer. Par une singulière anomalie, chez ces insectes ce sont les femelles qui, quoique plus délicates, se chargent de tous les travaux; les mâles ne font absolument rien. Mais celles-ci n'ont aucun des attributs de leur sexe, ce sont de véritables neutres, chez lesquels les Nourrices ont fait sciemment avorter tout principe de fécondité. Ces travailleuses, jeunes, n'ont reçu leur pâtée que d'une main avare. Elles ont eu beau se démener dans le fond de leur cellule, la marâtre a été inflexible. Et enfin, quand la nourrice juge que le moment est venu, elle emprisonne fatalement la larve en lui disant : tu n'iras pas plus loin. Ainsi se trouve paralysé le développement organique.

Mais, si quelque accident enlève la Reine d'une république d'Abeilles, celles-ci, ô prodige! connaissent assez les ressorts de la vie pour s'en créer une nouvelle. Les Nourrices savent que c'est à leur égoïsme qu'est dû l'avortement de leurs semblables. Que font-elles? Immédiatement, pour se procurer une nouvelle souveraine, elles accomplissent de grands travaux. Sur le bord de l'un des gâteaux on les voit amasser d'amples matériaux et construire une vaste cellule royale, quarante ou cinquante fois plus grande et plus pesante que les autres. Ensuite elles vont enlever une larve de simple ouvrière à son étroit alvéole, et la placent dans ce véritable palais. Aussitôt que celle-ci se trouve installée dans sa somptueuse demeure, les Nourrices, devenues pleines de tendresse, lui prodiguent une pâtée plus suave et plus parfumée; sous l'influence de cette ambroisie, la larve qui n'était appelée qu'à la plus humble condition voit apparaître ses organes de fécondité. C'est désormais une Reine! Est-il possible de pousser plus loin la connaissance intime de son être et l'art divin d'en modifier la nature?...

L'amour maternel fait aussi accomplir à l'Insecte des travaux, — j'allais dire herculéens, — mais il faut ajouter plus qu'herculéens. Il y développe une persévérance prodigieuse, une puissance incompréhensible.

Linné vit une de ces Mouches qui attaquent les gros bestiaux, un Œstre, poursuivre, toute une journée, le Renne lancé au galop qui enlevait son traîneau sur la neige. La mouche menaçante volait presque continuellement à ses côtés, épiant le moment où elle pourrait introduire l'un de ses œufs sous la peau de l'animal !

Ces êtres si déshérités par la taille nous surprennent par leur ingénieuse tendresse : leur prévoyance maternelle est sans bornes. Quelques-uns imitent le Lapin, qui se dépouille tout le ventre pour former un moelleux coussin à sa nichée de

Fig. 88. — Bombyce (*Bombyx dispar*, Fab.). Chenille, chrysalide et papillons mâle et femelle.

petits. Ils vont même plus loin que le Mammifère : celui-ci ne s'enlève qu'une partie de sa laine, tandis que certains Papillons, pour abriter leur progéniture, s'arrachent tous les poils du corps, et expirent aussitôt que cet acte de dévouement est accompli. C'est ce que fait l'un des fléaux de nos forêts de sapins, le Bombyce dissemblable, dont le nid se compose d'un double abri : d'un fin duvet, sur lequel reposent les œufs, et qui les recouvre immédiatement, et d'une couche extérieure, formée de poils serrés et imbriqués, semblable à une toile imperméable. Ainsi la couvée se trouve doublement

10

protégée, et contre les rigueurs du froid de l'hiver, et contre
ses pluies destructives.

Quelques Cochenilles, encore plus dévouées à leur progéniture, s'immolent fatalement pour la protéger. A mesure que
l'Insecte, monstrueusement distendu, expulse ses œufs, ceux-ci
sont entassés par lui en un petit monceau. Et, quand son corps
s'en est totalement vidé et ne ressemble plus qu'à une vessie
flasque, la femelle en recouvre sa lignée, attache ses bords
tout autour d'elle, et meurt immédiatement après, en lui
formant ainsi un toit convexe, solide, dont l'imperméabilité
garantit sa ponte contre les injures de l'air et des orages. La
mère a payé de la vie son enfantement, et c'est à l'abri de son
cadavre momifié que naissent ses petits.

Certains Insectes sont autrement guidés par la prévoyance
maternelle. Au lieu de se sacrifier eux-mêmes, ils tuent d'autres
animaux pour subvenir aux besoins de leur progéniture affamée.
Chaque espèce exigeant une nourriture particulière, ce n'est
qu'à l'aide de procédés variés que les parents parviennent à se
la procurer.

Une proie vivante est impérieusement nécessaire à certaines larves; il la leur faut dès qu'elles naissent; et, comme
la mère ne peut l'enchaîner à leur berceau, elle l'empoisonne.
Mais, plus habile que Locuste, elle ne lui administre que
ce qu'il faut de poison pour l'assoupir ou la paralyser, de
manière qu'en sortant de l'œuf le petit trouve toujours près de
lui le moribond, qu'il achève en le dévorant. Ce cas est celui de
beaucoup de *Sphex*. La Mouche place l'un de ses œufs au fond
d'un petit trou qu'elle fait dans la terre; puis elle s'en va
chasser jusqu'à ce qu'elle découvre quelque Araignée ou quelque
chenille. Aussitôt qu'elle en a rencontré une, elle la pique
savamment et l'apporte toute paralysée dans son nid. Enfin,
après avoir placé sa victime contre son œuf, le Sphex bouche
l'entrée du souterrain avec une petite pierre, et s'envole, pour
ne plus s'en occuper; la tendresse maternelle ne peut rien faire
de plus.

Quelques Ichneumons ou *Mouches vibrantes* sont beaucoup plus rapaces et plus courageux. Il en est dont les larves, quoique extrêmement petites, n'en attaquent pas moins de grosses chenilles, envahissent leurs corps et les rongent toutes vivantes, jusqu'à ce que mort s'ensuive. Leur mère, à l'aide de sa tarière, en perce la peau pour introduire ses œufs au-dessous. Elle y en place un assez grand nombre, et, lorsque les jeunes éclosent,

Fig. 89. — Chenille dévorée par des larves d'Ichneumons, et chenille couverte de leurs cocons.

protégés par le derme, ils commencent par manger la graisse; et ce n'est que vers le terme de leur existence qu'ils entament les organes essentiels; car, afin d'avoir toujours de la chair vivante à dévorer, ces anatomistes affamés se sont bien gardés de les disséquer d'abord. Alors la chenille meurt, puis les larves d'Ichneumons en sortent par des ouvertures multiples, et se filent des cocons soyeux à la surface de son cadavre. Ces nymphes, emmaillotées de leur linceul de soie, sont parfois tellement nombreuses et si rapprochées, qu'elles cachent entièrement leur victime.

Cette particularité extraordinaire fut longtemps ignorée,
même par les plus célèbres entomologistes. Ceux-ci avaient cru
d'abord que ces petits cocons qui enveloppent la chenille n'en
étaient que la progéniture, soigneusement préservée du froid
par la prévoyance maternelle. Mais il appartenait au père de la
micrographie et à l'un des plus célèbres observateurs de l'Italie,
à Leuwenhoeck et à Vallisneri, de jeter sur ce fait curieux
les plus vives lumières, et de mettre la vérité en évidence.

Le Bousier sacré, qui a joué un rôle si important dans les
théogonies des rives du Nil, accomplit aussi de grands travaux
pour sauvegarder sa progéniture. Ce Coléoptère ne prodigue

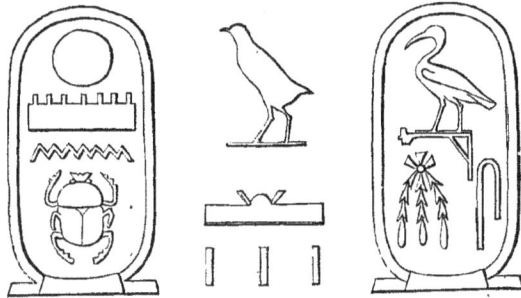

Fig. 90. — Cartouches des temples de Philæ, représentant un Ibis
et un Scarabée sacrés.

ses soins qu'à un seul œuf à la fois, mais ils sont incessants.
Aussitôt qu'il est pondu, le Scarabée se dirige vers une bouse
d'excréments de Mammifère herbivore et en enlève une petite
masse, au centre de laquelle cet œuf est soigneusement placé.
Ensuite il en forme une boule assez régulièrement sphérique,
dont le volume dépasse celui de son propre corps. Quand elle
est achevée, l'Insecte l'embrasse avec ses deux pattes de derrière,
qui sont longues, arquées et appropriées à ce travail, et il la
roule incessamment partout avec lui, en la poussant à reculons.
A force de labourer le sable et la terre fine, cette boule d'excréments, qui est d'abord assez molle, devient de plus en plus dure
et lisse à sa surface. Le Bousier poursuit son œuvre avec une

persévérance inouïe. Rien ne l'arrête, rien ne l'en détourne; c'est un instinct aveugle qui le guide. Si le lieu qu'il parcourt est un coteau, une rampe inclinée, il y pousse sa boule de toutes ses forces. Mais souvent il culbute, et celle-ci s'échappe de ses jambes et roule au loin. Alors il la cherche partout avec inquiétude; et, si quelque voisin sans ouvrage s'en est emparé, ou si elle s'est égarée dans les hautes herbes sans qu'il puisse la retrouver, il en confectionne une autre et pond un nouvel œuf.

Lorsque la boule est totalement achevée, bien ronde, bien grosse et bien solidifiée, le Scarabée, qui a creusé un trou dans cette prévision, l'y pousse et l'abandonne à son destin. Ainsi se termine cette œuvre de longue haleine.

C'étaient ces remarquables travaux qui avaient attiré sur cet Insecte l'attention des anciens. Pour l'antique Égypte, émerveillée de ce soin prodigieux, le Scarabée sacré devint le symbole de la fécondité; et la statuaire en multiplia à l'infini l'image sur tous les monuments des Pharaons, depuis l'embouchure du roi des fleuves jusqu'au fond de la Nubie. D'un autre côté, la persévérance avec laquelle le Bousier remonte sa boule, semblable au Sisyphe de la fable, avait paru aux prêtres offrir une réminiscence des travaux d'Isis et d'Osiris. Aussi le voit-on, à chaque instant, représenté sur le fronton de leurs temples, ayant sa boule, emblème du globe solaire, placée entre ses jambes[1].

---

1. Parmi les peuples de l'Égypte, l'effigie du Scarabée sacré a été multipliée de mille manières, comme celle d'une espèce de dieu tutélaire. On en voyait partout chez eux; on en rencontre de ciselés sur tous les monuments, les temples, les tombeaux, les obélisques; il y en a de représentés sur la plupart des bas-reliefs, et l'on en retrouve encore aujourd'hui de sculptés, de toutes les dimensions et avec toutes les matières possibles, depuis les pierres les plus communes jusqu'aux métaux les plus précieux. J'en ai vu de taille colossale dans le muséum Britannique; ils étaient en granit et offraient trois à quatre pieds de longueur. Mais il s'en fabriquait surtout, pour l'usage commun, une prodigieuse quantité de petite dimension; on en retrouve en marbre, en porphyre, en agate, en lapis, en grenat et en or.

IV

Beaucoup d'Insectes ne vivent que de chasses, et les procédés qu'ils y emploient suffiraient pour les classer en catégories distinctes.

Quelques-uns poursuivent à pied leur proie à travers monts et broussailles, et l'attaquent avec le courage du Lion. Les Carabes à la robe resplendissante d'or et d'azur, et les agiles Cicindèles sont dans ce cas. Et cependant ni leur beauté ni leurs services, méconnus par l'Homme, ne trouvent grâce devant lui : au lieu de protéger ces utiles auxiliaires de l'agriculture, qui chaque jour anéantissent tant d'espèces dévorantes, il les tue impitoyablement.

D'autres, non moins ardents à la curée, mais beaucoup plus ingénieux, tendent des filets ou construisent des pièges insidieux, dans lesquels leurs victimes s'engouffrent inévitablement.

La vie des Insectes présente des anomalies dont on n'observe pas d'exemples chez les autres animaux : ce sont des mœurs absolument différentes chez des espèces presque identiques physiquement. Ainsi nous avons vu que les nymphes de nos magnifiques Libellules vivent dans la fange de nos marais ; au contraire, une larve d'un autre genre, qui leur ressemble infiniment, ne se plaît que dans le sable et aux ardents rayons du soleil : c'est celle d'un Névroptère fameux, le Fourmi-Lion, ainsi appelé à cause de l'affreux carnage qu'il fait des Fourmis.

Cette larve affamée, la plus ingénieuse peut-être que l'on connaisse, construit son piège dans le sable le plus sec et le plus fin qu'elle puisse rencontrer. Il consiste en un entonnoir parfaitement régulier, creusé au-dessous du niveau du sol. L'Insecte

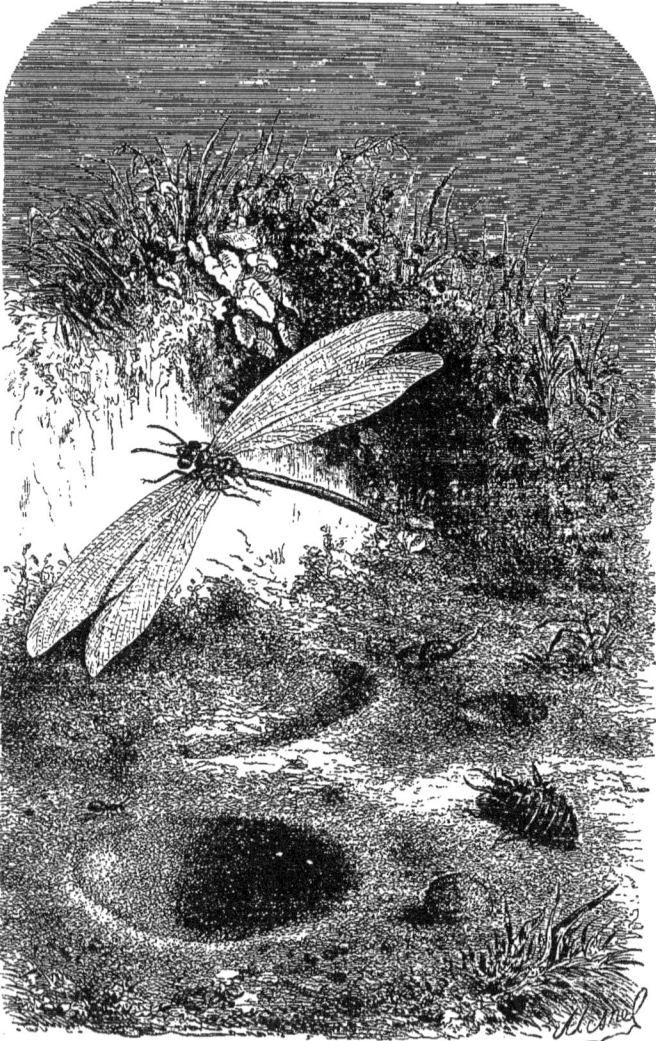

Fig. 91. — Fourmi-Lion commun (*Myrmeleon formicarium*, Linné).

n'emploie que sa tête pour en opérer le déblayement. Placé au
centre de son travail, il la charge de parcelles de sable, qu'il

lance ensuite au loin à l'aide d'un mouvement brusque d'élévation ; et ce mouvement se répète avec une telle fréquence que ces
parcelles forment un jet presque continu.

Quand l'entonnoir a ses glacis assez inclinés et assez réguliers
pour qu'aucun Insecte ne puisse les gravir, la larve s'enfouit
elle-même dans le fond, où l'on n'aperçoit plus que ses me-
naçantes mandibules, qui restent béantes, attendant l'occasion de
s'exercer.

Lorsqu'une Fourmi vient étourdiment à franchir le bord de
l'embûche, elle se trouve infailliblement entraînée par le plan
incliné de l'entonnoir infernal. En vain tente-t-elle de remonter,
le sable roule sous ses pieds, et elle glisse fatalement au fond, où
aussitôt les terribles mâchoires du Fourmi-Lion la saisissent et
la tuent.

Parfois aussi, c'est un Insecte beaucoup plus gros qui tombe
dans cette embûche de mort. Il résiste et fait de vigoureux efforts
pour en remonter la pente. Pendant ce temps, l'insidieux Fourmi-
Lion reste à son poste; mais, se doutant de la taille de l'individu fourvoyé, par le volume des débris qui roulent sur sa tête,
il prend alors une part directe à sa perdition et, pour troubler
ses efforts, jette, coup sur coup, sur sa proie des masses de sable,
qui en activent la chute au fond du gouffre. Arrivé là, l'animal
est indubitablement perdu : le Névroptère, altéré de sang, ne
fait aucune grâce.

Mais, si le Fourmi-Lion gardait près de lui les débris de ses repas,
le piège se transformerait bientôt en un charnier inhabitable;
il faut donc à tout prix s'en débarrasser. A cet effet, chaque fois
que la larve a sucé un Insecte, elle en place le cadavre sur sa tête,
puis, à l'aide d'un effort suprême, le lance en l'air, et même
parfois fort loin des abords de son trou, afin d'éviter le soupçon
que pourraient faire naître les cadavres de ses victimes aux im-
prudents qui s'acheminent vers le fatal refuge. Durant quelques
observations que je faisais sur les Fourmis-Lions, je les ai vus
lancer ainsi des Mouches ou de grosses Fourmis à trois pouces
de leur demeure.

D'autres Chasseurs, moins ingénieux, mais plus braves, procèdent comme de véritables oiseaux de proie. Ce sont des rapaces qui, dans leur vol agile et puissant, semblables au Faucon, fon-

Fig. 92. — Araignée aviculaire égorgeant un Oiseau-Mouche, d'après Sibylle de Mérian. (Voyez p. 155.)

dent sur leur victime en la saisissant au milieu de l'air. Tels sont ces beaux Insectes aux ailes transparentes et irisées, qui volent près de nos mares et que l'on désigne vulgairement sous le nom de Demoiselles.

Si la jalousie de Minerve brisa le métier d'Arachné, quoique
réduite à ses propres moyens, l'obscure rivale de la déesse n'en
accomplit pas moins de merveilleux travaux. Là ceux-ci se font
remarquer par la perfection de leur tissage ; ailleurs leur disposition révèle la plus astucieuse intelligence. Dans la première
catégorie se trouvent les filets régulièrement circulaires que les
Araignées de jardins tendent d'une branche à l'autre ; dans la
seconde, les toiles des espèces qui envahissent nos habitations.

Confectionnées ordinairement dans les angles des murailles,
ces dernières offrent une nappe horizontale souillée de poussière,
qui n'est en quelque sorte que le plancher de service de l'Insecte
carnassier, car c'est dans les fils irrégulièrement entre-croisés
au-dessus que sa proie s'embarrasse et se perd. Mais ce que présente de plus ingénieux cet engin destructeur, c'est le gîte dans
lequel le chasseur se tient à l'affût. C'est un véritable tunnel circulaire à double issue et à double usage. L'entrée donne sur la
toile et est horizontale ; la sortie aboutit au-dessous et est perpen-
diculaire. C'est de la première que l'Araignée s'élance sur sa
proie ; l'autre remplit l'office d'oubliettes. L'Araignée prend le
plus grand soin de ne jamais laisser sur sa toile les carcasses dont
elle a sucé le sang : ce charnier épouvanterait de loin sa pâture
vivante. Chaque fois qu'une Mouche a été immolée, l'Insecte la
prend, l'entraîne dans son canal et la précipite par l'ouverture
inférieure. Aussi, lorsque vos regards s'abaissent vers le parquet
situé au-dessous, vous êtes surpris du nombre des victimes de la
sanguinaire Arachnide. Parfois cette issue dérobée lui sert aussi
pour s'évader, quand un grand danger la menace. Mais c'est un
cas fort rare ; son usage spécial, son unique destination, est de
recevoir les débris des repas ; et je crois que ce fait n'a encore été
signalé par aucun observateur.

Le dégoût qu'inspire l'Araignée n'est nullement légitime. Aucun Insecte n'a ni plus d'intelligence, ni une plus admirable
structure : la laideur de l'ingénieuse Arachné s'efface aussitôt
qu'on l'observe sans prévention. La crainte dont elle glace certaines personnes est elle-même infiniment exagérée. Il est des

Araignées, il est vrai, dont la morsure est aussi redoutable que celle de nos Vipères, mais elles n'habitent que les contrées tropicales. Nos espèces françaises sont presque inoffensives. L'Araignée des caves est la seule que l'on puisse considérer comme offrant quelque danger. Une vive douleur, un peu de gonflement et d'inflammation, tel est le cortège d'accidents qui suit sa morsure. Cependant on rapporte des cas dans lesquels cette morsure a été mortelle.

La trop célèbre Tarentule elle-même, étudiée de plus près, a vu s'évanouir son bizarre prestige. Sa morsure a cessé d'engendrer cette *dansomanie furieuse* dont on a tant parlé, même dans des livres de médecine [1].

L'appareil toxique des Araignées est absolument analogue à celui des Serpents : seulement il n'a que des proportions microscopiques. Ce sont aussi des dents mobiles, des crochets creux, qui distillent le poison dans la plaie; et celui-ci est sécrété par une glande particulière, située à l'intérieur des palpes-mâchoires qui opèrent la morsure.

Chez les grosses espèces tropicales, le fluide léthifère a une telle activité qu'il tue en un moment des animaux dont le volume les surpasse de beaucoup ; et souvent il est employé contre les Oiseaux, qu'elles saisissent sur les arbres. Sur l'une de ses magnifiques planches, Sibylle de Mérian, si célèbre par son savoir et ses belles peintures d'histoire naturelle, a représenté cette scène émouvante. C'est une Araignée aviculaire qui égorge un Oiseau-Mouche près de son nid.

---

1. La Tarentule est une grosse Araignée chasseresse qui habite des trous qu'elle se creuse dans la terre, et d'où elle se jette sur sa proie. On en rencontre dans presque toute l'Italie, mais surtout aux environs de Tarente, d'où lui vient son nom. Il en existe sur presque tout le périple de la Méditerranée, en Sicile, en Barbarie et en Provence.

Les anciens auteurs prétendaient que ceux qui en étaient piqués tombaient dans un assoupissement profond ou éprouvaient des convulsions, dont la musique seule les tirait souverainement, en les portant à se livrer à la danse : ce qu'ils faisaient jusqu'à l'épuisement, jusqu'à tomber presque sans vie.

Dès l'époque de l'abbé Nollet, en Italie on ne croyait déjà plus à cette prétendue maladie; et le savant physicien dit qu'il n'y avait que les vagabonds et les charlatans qui se disaient piqués de la Tarentule, pour qu'on les fît danser et récolter des aumônes.

Certaines Arachnides bien connues, et qui ont presque la grosseur du poing, se jettent même sur les poulets et les pigeons, les

Fig. 93. — Araignée aux poulets, de grandeur naturelle.

prennent à la gorge et les tuent presque instantanément, en
s'abreuvant de leur sang; aussi. à la Colombie, où ces hôtes désa-
gréables sont assez communs, leur donne-t-on le nom d'*Araignées
aux poulets*

V

Quand on fouille l'histoire des Insectes, on est tout surpris de trouver de si ardentes passions dans de si frêles créatures : la haine les anime, l'appât du butin les dirige. Pour satisfaire ces mauvais penchants, ils se livrent de sanglantes batailles, ou se transforment en pirates de terre.

L'Homme traîne à la guerre un pesant cortège d'animaux : les Insectes y vont seuls. Les six mille Eléphants que Porus[1] opposait à la marche triomphale d'Alexandre n'allaient au combat que guidés par des chefs expérimentés; tandis que les Fourmis, abandonnées à leurs propres forces, livrent de grandes batailles. et, qui le croirait, y décèlent même une ingénieuse stratégie.

L'instinct esclavagiste est extrêmement développé chez plusieurs espèces de ce groupe. Une lignée de serviteurs zélés est indispensable à leur existence, et, pour se les procurer, elles procèdent comme d'effrontés forbans.

Des observateurs avaient depuis longtemps reconnu que certaines Fourmis en portaient d'autres à leur gueule, pendant leurs pérégrinations, mais on ignorait dans quel dessein. Ce fut Pierre Huber qui découvrit le mystère. Ce sont de vérita-

---

1. L'Eléphant a joué un grand rôle dans l'histoire des conquérants, à cause de l'importance qu'il eut dans leurs batailles. Dès la plus haute antiquité il y fut employé. Déjà Sémiramis en possédait dans ses armées, au rapport de Diodore de Sicile, dans l'œuvre duquel on voit ce fait cité pour la première fois. Depuis la fameuse reine d'Assyrie, le nombre d'éléphants que les souverains d'Asie tenaient sur pied donnait l'idée de leur puissance. Aussi Pline, dans sa description de l'Inde, y mentionne avec soin combien chaque roi en possède. D'après lui, dans la seule portion de cette partie de l'Asie qui était connue des Romains, on comptait quatorze mille éléphants de guerre.

bles enlèvements que ces Insectes opèrent dans l'intérêt de leur république, des razzias d'esclaves exécutées de vive force. Ces flibustiers microscopiques ne vont pas, sur les marchés, vendre leur capture à l'encan ; mais, comme d'efféminés sybarites, ils s'en font servir et lui imposent tout le travail de l'habitation.

A la tête des plus courageuses esclavagistes il faut citer la Fourmi roussâtre ou Amazone, dont les expéditions militaires ont été parfaitement observées par les naturalistes de notre époque. On peut jouir du spectacle de ces expéditions durant tous les beaux jours de notre saison d'été, tant elles se répètent fréquemment. Les excursions de ces tribus guerrières n'ont qu'un seul objet, dit Huber, celui d'enlever des Fourmis, pour ainsi dire encore au maillot, chez un peuple laborieux, et de s'en faire des ilotes qui travaillent pour elles.

Lorsque la Fourmi amazone se met en campagne pour enlever des esclaves, et surtout des Fourmis mineuses, qui lui en servent ordinairement, elle y procède toujours avec beaucoup d'ordre. L'excursion commence constamment à l'entrée de la nuit. Aussitôt après être sorties de leurs demeures, les Amazones se groupent en colonnes serrées, et leur armée se dirige vers la fourmilière qu'elles vont spolier. En vain les guerriers de celle-ci veulent-ils en barrer l'entrée ; malgré leurs efforts elles pénètrent jusqu'au cœur de la place et en fouillent tous les compartiments pour choisir leurs victimes, les larves et les nymphes. Les travailleurs qui s'opposent à leurs rapines sont simplement terrassés, mais elles ne s'en emparent pas, parce qu'ils se prêteraient difficilement à leur joug : il ne leur faut que de jeunes individus qu'on puisse y façonner. Lorsque le sac de la place est complet, chaque conquérant prend délicatement une nymphe ou une larve dans ses dents, et s'occupe du retour. Ceux qui n'en peuvent trouver emportent les cadavres mutilés des ennemis, pour en faire leur pâture. Puis, toute l'armée, chargée de butin, et se développant parfois sur une file d'une quarantaine de mètres de longueur, regagne triomphalement sa cité, dans le même ordre qu'elle avait à son départ.

Fig. 94. — Retour des Fourmis amazones après la bataille.

Aussitôt que les Fourmis arrachées à leurs foyers arrivent à la demeure des ravisseurs, les esclaves qui s'y trouvent leur prodiguent les soins les plus empressés. Elles leur donnent à manger, les approprient et réchauffent leur corps glacé.

Dans les républiques esclavagistes, conquérants et esclaves finissent par changer de rôle. N'ayant rien de cette vieille féodalité dont l'armure pesait sans discontinuer sur les serfs, les premiers ne développent de courage qu'au moment de la conquête. Aussitôt après avoir déposé leur butin dans la fourmilière, les Amazones se délassent de leurs combats dans les délices de l'oisiveté. Mais, bientôt énervés par ce genre de vie, les ravisseurs passent sous le joug de leur conquête. Leur dépendance est telle désormais, que, si on leur enlève leurs esclaves, les privations et l'inaction détruisent bientôt la tribu.

Ces spoliateurs si ardents à la curée se révoltent contre tout travail intérieur; ils ne s'entendent qu'à batailler. Incapables de construire leurs demeures ou de nourrir leur progéniture, ce sont les esclaves qui seules se chargent de ce double besoin. Si la tribu est forcée d'abandonner une fourmilière trop ancienne ou trop exiguë, elles seules aussi en décident et en opèrent l'émigration. A ce moment, les Amazones semblent même éprouver une honteuse défaillance. Chaque esclave saisit avec ses mandibules un de ses maîtres dégénérés, et le transporte à la nouvelle habitation, comme une chatte porte à sa gueule le petit qu'on a ravi à son berceau.

L'ingénieux Huber voulut déterminer expérimentalement jusqu'à quel point allait la dépendance des deux catégories sociales. Il reconnut bientôt que les chefs, abandonnés à eux-mêmes, étaient absolument dans l'impossibilité de subvenir à leurs besoins, même au milieu de l'abondance. Ce naturaliste ayant enfermé, avec une ample provision d'aliments, une trentaine d'Amazones, mais sans mettre avec elles aucune esclave, les vit tomber dans la plus profonde apathie, quoiqu'il eût placé à leurs côtés des larves et des nymphes, pour les stimuler au travail. Toute besogne cessa immédiatement, et les

recluses se laissaient même mourir de faim plutôt que de manger
seules. Déjà plusieurs avaient succombé, quand il vint à l'idée
du savant genevois de leur rendre une esclave. Celle-ci se
trouvait à peine au milieu des morts et des mourants, que déjà
elle était à l'œuvre, donnant la pâture aux survivants, prodi-
guant ses soins aux jeunes larves et leur construisant des abris.
Elle sauva la colonie.

Rien n'est plus incroyable que tous ces faits, et cependant
ils ont été constatés avec le soin le plus scrupuleux, soit par le
grand historien des Fourmis, soit, plus récemment, en Angleterre, par MM. F. Smith, Darwin et Lubbock.

Toutes les espèces de Fourmis ne se façonnent pas aussi facilement à l'esclavage. Il y en a de toutes petites — telle est la
Fourmi jaune — qui résistent aux Amazones et, quoique beaucoup plus faibles qu'elles, savent leur faire pièce : le courage supplée à la force. Ainsi la Fourmi sanguine, qui est une des plus
esclavagistes que l'on connaisse, ne s'avise jamais d'aller piller
la demeure de la Fourmi jaune, qui combat avec fureur pour
défendre ses foyers, sa famille et sa liberté. Cela est si vrai,
qu'à sa grande surprise M. Smith rencontra une petite tribu
de cette vaillante espèce qui habitait sous une pierre, tout près
d'une fourmilière d'esclavagistes. Là elle savait s'en faire
respecter, et même épouvantait l'autre par son attitude belli-
queuse.

La conquête des ilotes n'occupe pas seule les tribus esclavagistes ; fréquemment aussi elles se répandent sur les plantes
pour y enlever des Pucerons. C'est là leur bétail ; ce sont leurs
vaches laitières, leurs chèvres : on n'eût jamais pensé que les
Fourmis fussent des peuples pasteurs. Celles-ci sont extrêmement friandes d'une liqueur sucrée que distillent deux petits
mamelons que les Pucerons portent vers l'extrémité de leur
dos. Souvent on les surprend éparpillées à la surface des végétaux, suçant tour à tour ce fluide sur chaque individu qu'elles
rencontrent. D'autres fois, en compagnie de leurs esclaves,
elles enlèvent ces Hémiptères et les emprisonnent dans leur

habitation, pour les traire plus à leur aise ; et là ils sont nour-
ris comme de véritables bestiaux à l'étable. « Une fourmilière,

Fig. 93. — Fourmis occupées à traire des Pucerons.

dit Huber, est plus ou moins riche, selon qu'elle a plus ou
moins de Pucerons ! »

Huber a découvert aussi que les Fourmis sont tellement avides de cette liqueur sucrée que, pour s'en procurer plus commodément, elles pratiquent des chemins couverts qui, de la demeure de la tribu, s'étendent jusqu'aux plantes qu'habitent ces vaches en miniature. Parfois on les voit pousser la prévoyance jusqu'à un point encore plus incroyable. Afin d'obtenir plus de produits des Pucerons, elles les laissent sur les végétaux qu'ils sucent habituellement, et, avec de la terre finement gâchée, leur bâtissent là des espèces de petites étables, dans lesquelles elles les emprisonnent. Le savant que nous venons de citer a découvert plusieurs de ces étonnantes constructions : c'est donc un fait irrécusable.

Il faut s'attendre avec les Fourmis aux plus étonnantes combinaisons. Se douterait-on qu'au Mexique il existe une de leurs espèces où certains individus sont destinés de naissance à jouer le rôle d'un vase à conserver le miel des fleurs? Les autres Fourmis vont, viennent et gorgent de nectar celles dont nous parlons. Elles ne digèrent pas ce miel, elles s'en emplissent, en deviennent toutes gonflées, au point de ne plus pouvoir faire un mouvement. Elles sont la provision de la colonie. Quand la mauvaise saison sera venue, elles rejetteront ce miel, dont les autres feront leur nourriture. Les tribus de cette curieuse espèce, signalée pour la première fois par M. Wesmaël, vivent dans de petites galeries souterraines. Là, à un moment donné, le ventre de ces petites outres vivantes acquiert le volume d'un gros pois. Ce miel étant d'un goût exquis, dans certaines régions où abonde la Fourmi à miel, les femmes et les enfants vont creuser ses souterrains pour le récolter et le servir à table : ce qui se fait au dessert, dans des assiettes, après avoir enlevé la tête et le corselet de l'Insecte.

Dans certaines circonstances, les Fourmis se livrent aussi des batailles, qui ne paraissent avoir pour cause que des antipathies d'espèces ou de tribus.

Les combats des Fourmis ont eu leur historien, on pourrait presque dire leur chantre, car Huber fils les a décrits avec non moins de poésie qu'on n'en trouve dans les récits homériques ou les strophes de la Thébaïde.

On va le voir par le tableau de l'une des batailles, que nous empruntons textuellement au savant genevois. La lutte avait lieu entre deux fourmilières de la même espèce, situées à une centaine de pas l'une de l'autre. « Je ne dirai pas, s'écrie Huber, ce qui avait allumé la discorde entre ces deux républiques, aussi populeuses l'une que l'autre; deux empires ne possèdent pas un plus grand nombre de combattants. Les armées se rencontrèrent à moitié chemin de leur résidence respective. Leurs colonnes serrées s'étendaient du champ de bataille jusqu'à la fourmilière, sur une largeur de deux pieds. Une immense réserve soutenait ainsi le corps de bataille. Dans celui-ci, des milliers de Fourmis, montées sur les moindres saillies du sol, luttaient deux à deux, s'attaquant mutuellement à l'aide de leurs mâchoires. D'autres enlevaient des prisonniers, mais non sans de rudes combats, ceux-ci prévoyant le sort cruel qui les menaçait aussitôt après leur arrivée dans la fourmilière ennemie.

« Le champ de bataille, qui se développait sur un espace de deux à trois pieds carrés, était jonché de cadavres et de blessés couverts de venin, et exhalait une odeur pénétrante. Çà et là aussi, quelques combats particuliers s'engageaient encore. La lutte commençait entre deux Fourmis, qui s'accrochaient par leurs mandibules en s'exhaussant sur leurs jambes. Bientôt elles se serraient de si près qu'elles roulaient l'une et l'autre dans la poussière. Le plus souvent alors les deux athlètes recevaient du secours, et l'on voyait des chaînes de six à dix Fourmis, toutes cramponnées les unes aux autres, et tirant en sens inverse les deux adversaires, jusqu'à ce que l'un ou l'autre lâchât prise ou fût entraîné par une force supérieure. »

A l'approche de la nuit, les deux armées opérèrent leur retraite et rentrèrent dans leurs demeures. Mais, le lendemain, le carnage recommença avec plus de fureur, et Huber vit la mêlée occuper six pieds de profondeur sur deux de front. L'acharnement des combattants était tel, qu'aucun d'eux n'aperçut l'observateur et ne songea à l'attaquer.

VI

LES ARCHITECTES ET LES MANGEURS DE VILLES

Si nous nous transportons dans les régions tropicales, où une nature plus vigoureuse multiplie partout les sources de la vie, nous voyons des Insectes disputer pied à pied les possessions de l'Homme. C'est une guerre en règle qu'ils lui font, en envahissant ses plantations ou sa demeure : guerre acharnée, sans merci et dont il faut parfois que le canon décide.

Tel est le cas du Termite belliqueux des environs du cap de Bonne-Espérance, qui a fixé l'attention de tous les voyageurs à cause de ses constructions extraordinaires et de ses dégâts.

Les Termites, que l'on désigne souvent sous le nom de *Fourmis blanches*, vivent en républiques, composées de diverses sortes d'individus : les mâles, qui ont des ailes, et les travailleurs, les soldats et les reines, qui n'en possèdent pas.

Les *travailleurs* ne s'occupent que de la construction des habitations.

Les *soldats* n'ont pour mission que de défendre la colonie et d'y maintenir l'ordre.

Enfin viennent les *femelles*, véritables Reines adorées par toute une population dont la reproduction leur est confiée. Celles-ci ne sont que de monstrueux sacs à œufs, de véritables machines à pondre, d'une effrayante fécondité. Lorsque leur abdomen est gonflé de toute sa portée, il n'a pas moins de 2000 fois plus d'ampleur qu'auparavant; elles ne peuvent plus le traîner, et restent désormais clouées à la même place. La ponte est si rapide, qu'il semble une fontaine jaillissante

d'œufs; ce réceptacle à progéniture en lance soixante par
minute, 80 000 par jour!

Les dimensions et la solidité des nids du Termite belliqueux
ont toujours fait l'étonnement des voyageurs, quand on les
compare à la faiblesse de l'Insecte. Ils offrent parfois jusqu'à
six mètres de hauteur. Leur forme pyramidale leur donne

Fig. 96. — Termites belliqueux. Soldat, travailleur, mâle, et femelle gonflée d'œufs.

l'aspect d'un pain de sucre colossal, élargi à la base, et dont
les flancs sont hérissés de petits monticules accessoires. Quand
on parcourt les sites où les colonies de Termites abondent, dans
le lointain on les prend pour des villages d'Indiens. Les
murailles de ces demeures sont si solides que les Bœufs sauvages
les gravissent sans les enfoncer, lorsqu'ils se placent dessus en
sentinelle ; et l'intérieur contient des chambres tellement vastes
qu'il en est dans lesquelles une douzaine d'hommes peuvent
s'abriter. C'est souvent dans ces abris abandonnés de leurs

habitants que les chasseurs se mettent à l'affût des animaux sauvages.

Outre ces chambres extraordinaires, on rencontre aussi, dans ces espèces de phalanstères, de longues galeries offrant le calibre de la gueule de nos gros canons, et qui s'enfoncent jusqu'à trois ou quatre pieds dans la terre.

Les monuments dont nous nous enorgueillissons sont bien peu de chose comparativement à ceux que construisent ces frêles Insectes. Les nids des Termites ont une élévation qui dépasse souvent cinq cents fois la longueur de leur corps; aussi a-t-on calculé que, si nous donnions proportionnellement la même hauteur à nos maisons, elles seraient quatre ou cinq fois plus élevées que la plus grande des pyramides d'Égypte.

D'autres Termites, au lieu de construire ces étonnantes habitations, s'occupent fatalement à attaquer les nôtres et les rongent parfois de fond en comble; tout y passe, la maison et le mobilier. Ce sont d'insidieux déprédateurs, qui cheminent sourdement sous le sol, et s'y pratiquent de longues galeries à l'aide desquelles ils infestent tout à coup nos demeures. Alors ils pénètrent dans toutes les charpentes et en rongent totalement l'intérieur, en ne laissant à leur superficie qu'une couche de bois de la valeur d'un pain à cacheter. Rien ne décèle aux yeux leurs dégâts occultes; on voit sa maison, on croit à son existence réelle, mais on n'en possède plus que le fantôme, un château de cartes, qui tombe en poussière au moindre ébranlement. Smeatman, qui nous a donné une si intéressante histoire de ces Névroptères, rapporte que parfois ils ont même détruit de grandes villes, qui avaient été abandonnées par leurs habitants.

Mrs. Lee m'a dit que, dans les parages de l'Afrique où elle a séjourné, les Termites ne mettent qu'un temps fort court pour dévorer entièrement une habitation. Un escalier d'une assez bonne dimension est mangé en une quinzaine de jours; des tables, des fauteuils et des chaises, en beaucoup moins de temps. La célèbre voyageuse m'a assuré qu'à Sierra-Leone, souvent, en rentrant chez soi après une courte absence, on ne retrouve plus

Fig. 97. — Village de Termites belliqueux. — D'après le mémoire de Smeatman.

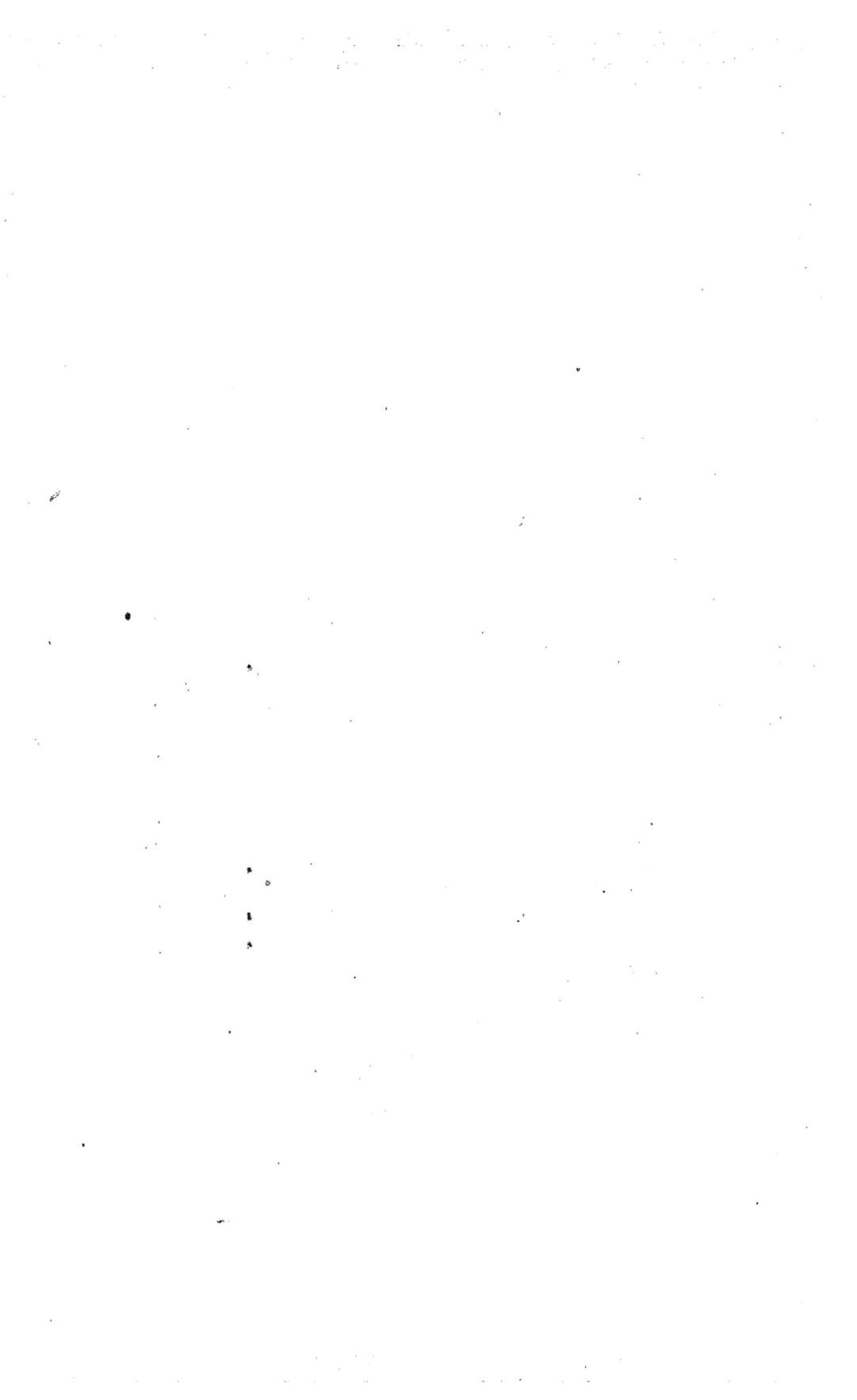

que l'ombre de son mobilier. L'extérieur possède encore toute sa fraîcheur, mais le cœur manque, et chaque pièce creusée se pulvérise sous la main qui la touche ou sous la personne qui s'assied.

Au lieu de ces dômes coniques, ornementés de clochetons et rassemblés en villages au milieu des plaines, quelques espèces de ce groupe, et tel est le Termite des arbres, se plaisent à suspendre leurs nids au milieu des grosses branches des plus vigoureux végétaux. On est vivement frappé de leur masse aérienne mêlée au feuillage des arbres, car il en est qui ne sont pas moins gros que nos barriques à vin. Ces nids, extrêmement poreux, offrent à l'intérieur un inextricable labyrinthe de canaux tortueux ; ils sont formés d'une gangue ou pâte compacte composée de fines parcelles de bois, de gomme et de sucs de plantes.

Depuis un certain nombre d'années, deux espèces de ce genre se sont établies en France, où elles causent d'assez notables dégâts dans quelques-uns de nos départements méridionaux : ce sont le Termite lucifuge et le Termite des Landes ; leur introduction ne paraît guère remonter au delà de 1780.

Les dévorantes cohortes du Termite lucifuge ont envahi Rochefort, la Rochelle, ainsi qu'Aix, où leur dent a complètement miné un certain nombre de maisons, qui se sont écroulées. A une époque, ces détestables déprédateurs s'étaient mis à ronger la préfecture de la Rochelle et ses archives, sans qu'on s'en doutât ; boiseries, cartons, papiers, tout s'anéantissait sans qu'aucune trace de dégâts parût à l'extérieur. Aujourd'hui on ne préserve les papiers des bureaux qu'en les conservant dans des boîtes en zinc.

A Tonnay-Charente, des Termites ayant rongé les supports d'une salle à manger sans qu'on s'en fût aperçu, pendant un repas le plancher s'effondra, et l'amphitryon et ses convives passèrent à travers.

Dans les régions tropicales, certaines Fourmis ne sont pas moins redoutables que les Termites affamés. Elles n'anéantissent pas nos habitations, mais envahissent les champs et y élèvent d'énormes fourmilières, qui ressemblent à autant de monticules de quinze à vingt pieds de hauteur. Là elles les multiplient à un tel point sur certaines plantations, que le colon est forcé de les abandonner. Quelquefois, cependant, celui-ci résiste aux envahisseurs, leur déclare une guerre d'extermination, et incendie leurs établissements à l'aide de substances combustibles. Parfois même, c'est avec de l'artillerie chargée à mitraille qu'on renverse les hauts remparts de ces Fourmis, et qu'on en disperse les décombres et les architectes.

Ainsi, c'est avec le canon que l'Homme est obligé d'attaquer un Insecte !

D'autres fois, c'est même avec la mine. C'est ce que l'on est contraint de faire pour certaines Fourmis ailées des contrées tropicales, qui enfoncent leurs galeries jusqu'à vingt-cinq pieds dans le sol. Et ces nids sont tellement compacts et tellement solides, qu'on ne peut les faire sauter qu'à l'aide de la poudre, et en bouleversant tout le terrain. Ch. Müller rapporte qu'au Brésil des provinces entières des bords du Parana ont été de cette façon transformées en espèces de déserts.

VII

LES FOSSOYEURS ET LES MINEURS

Malgré cette suprématie que l'orgueil de l'Homme s'attribue sur toute la création, souvent un faible Insecte le surpasse en énergie et, dans certains cas, en intelligence. Abandonnez l'un de nous à la simple ressource de ses organes, et ordonnez-lui d'enterrer un Eléphant ou un Rhinocéros, il y dépensera une partie de sa vie. Ses ongles seront usés avant que la fosse du colosse soit achevée, et toutes ses forces s'épuiseront en vain pour l'y placer et le recouvrir de terre.

Un Coléoptère se charge d'exécuter en quelques heures un travail tout aussi herculéen.

Lorsqu'une Taupe morte est abandonnée dans un champ, immédiatement vous voyez arriver près d'elle un petit Insecte bariolé de noir et d'orange, qui, en trois ou quatre heures, a parfaitement enterré le Mammifère. Et cependant sa taille, par rapport à ce dernier, ne dépasse pas celle de l'Homme comparée aux proportions de l'Éléphant.

Faites plus, donnez à l'un de nous des pics et des brouettes pour attaquer et remuer le sol, et il mettra encore plus de semaines à accomplir sa besogne qu'un Nécrophore fossoyeur — c'est le nom de l'Insecte — n'y met d'heures.

C'est l'instinct maternel qui guide et anime le Fossoyeur. Il lui faut une Taupe morte, ou quelque autre petite espèce de Mammifère, pour assurer l'avenir de sa progéniture ; et il ne l'enfouit sous la terre qu'afin qu'elle se conserve fraîche jusqu'au moment où écloront ses larves affamées.

L'Insecte veut pour celles-ci un aliment de prédilection ; si

vous lui en offrez un autre, il n'en profite nullement. Jetez une
grenouille ou un oiseau sur la terre, il ne les enfouit pas. Mais
dans votre jardin, où jamais vous ne voyez de Nécrophores, abandonnez une Taupe morte, et aussitôt l'un de ces Coléoptères, qui
l'a sentie de loin, arrive et l'enterre.

A cet effet, le Nécrophore ne creuse pas un trou, comme on
pourrait le croire ; il reste constamment invisible et caché sous

Fig. 98. — Nécrophores enterrant un petit Rat.

le cadavre qu'il enfouit. Le travail se fait sans qu'on s'en doute,
et consiste à rejeter sur les côtés de la Taupe la terre qui est
au-dessous. Cette manœuvre se continuant, en même temps, sous
toutes les parties du mort, celui-ci disparaît en s'enfonçant peu
à peu. Et lorsqu'il est enfin parvenu au-dessous du niveau du
sol, pour le dérober totalement et terminer son œuvre, le Fossoyeur n'a que quelques-unes des parcelles nouvellement remuées
à jeter sur le petit animal, qui s'est absolument enfoncé comme
si on l'eût placé sur un liquide pâteux.

Ainsi se termine ce travail, que j'ai plusieurs fois vu exécuter sous mes yeux, et que certaines personnes révoquaient en doute, tant il est extraordinaire.

D'autres Insectes ne creusent la terre que pour y trouver leurs aliments ou construire un gîte destiné à leur progéniture ; ce sont de vrais Mineurs, dans toute la force du terme.

Beaucoup appartiennent à cette catégorie, mais il n'en est guère dont les travaux soient aussi redoutés par les cultivateurs

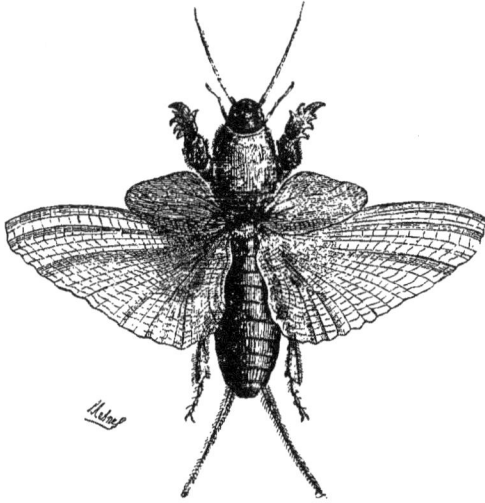

Fig. 99. — Taupe-Grillon (*Gryllotalpa vulgaris*, Latreille).

que ceux du Taupe-Grillon. Dans quelques contrées de l'Allemagne l'effroi qu'inspire cet Insecte est tel, qu'un dicton populaire intime au voiturier de tuer sans pitié tous ceux qu'il rencontre, dût-il même arrêter son attelage sur la rampe d'une montagne ou le penchant d'un précipice !

Cet Orthoptère, dont le nom rappelle à la fois les mœurs souterraines et la famille, fait souvent de désastreux dégâts parmi nos jardins en creusant ses galeries et en coupant toutes les racines des plantes qui se trouvent dans leur direction.

La nature lui a donné à cet effet de redoutables armes. Ce sont ses pattes antérieures, dont l'extrémité évasée a la plus grande analogie, pour la forme et par la manière dont l'Insecte s'en sert, avec les larges mains de la Taupe ; elles agissent comme de véritables et puissantes pioches tranchantes, à l'aide desquelles il fend la terre et en disperse les parcelles.

D'autres animaux de la même classe pratiquent leurs galeries dans un terrain d'élite ; c'est au milieu des tissus des plantes qu'ils en creusent les détours. A cet effet, ils attaquent indistinctement les feuilles, les fruits et le bois ; rien ne résiste à leur dent, car c'est elle qui agit.

Réaumur a même fait une classe à part pour des chenilles qui se creusent des galeries entre les deux lames des feuilles, et il les nomme, avec raison, les *Mineuses*. Nous pouvons observer chaque jour leurs travaux sur les feuilles de nos arbres, où elles pratiquent des chemins tortueux, qui se dessinent en blanc, parce qu'elles en ont mangé toute la substance verte, en ne laissant que l'épiderme de l'organe.

VIII

Nonobstant son orgueilleuse prétention, combien aussi notre industrie n'est-elle pas abrupte, quand on la compare à celle des plus infimes créatures! Le fil ourdi par l'Homme est-il comparable à celui de l'Araignée? Cependant le travail de l'Insecte nous offre une complication à laquelle nous sommes loin de nous attendre. Malgré son extrème ténuité, ce fil résulte de l'agglomération de beaucoup d'autres. Il est produit par quatre ou six mamelons situés à l'extrémité du ventre, et la substance soyeuse en sort elle-même par un crible dont les trous, selon Bonnet, sont au nombre de plus de mille sur chacun d'eux. A mesure que les filaments sont rejetés au dehors, ils s'agglutinent ensemble de façon que chaque fil est au moins composé de quatre mille autres, et quelquefois de six mille. Et néanmoins celui-ci offre encore une telle ténuité, que Leuwenhoeck prétendait qu'il en faudrait bien quatre millions pour composer une soie de la grosseur d'un poil de sa barbe.

Les fils de quelques espèces exotiques possèdent une résistance beaucoup plus considérable qu'on ne l'observe pour les nôtres. Les voyageurs rapportent que dans les contrées équatoriales on rencontre des toiles d'Araignées qui ont tant de force qu'elles arrètent les Oiseaux-Mouches, comme le ferait un filet; et l'on dit même que l'Homme ne les rompt qu'avec difficulté.

La soie de nos Arachnides est constamment d'un gris sale; mais, dans les régions tropicales, sa coloration varie quelquefois. Plusieurs de ces Insectes y produisent des fils diversicolores,

12

qu'ils entrelacent avec un art admirable. Les uns sont rouges, les autres jaunes, d'autres sont noirs : ils forment un canevas tricolore.

L'industrie a fait de vaines tentatives pour utiliser la soie de l'Araignée. Chez nous, son peu de résistance n'a jamais permis d'en tirer aucun parti. Les entomologistes rapportent cependant que Louis XIV s'en fit confectionner un vêtement; mais le peu de solidité de cette étoffe de nouvelle invention le dégoûta bien vite de sa fantaisie. Cependant il paraît que les toiles de quelques espèces de l'Amérique ont assez de résistance pour se prêter à cet emploi. Al. d'Orbigny s'en fit faire un pantalon, qui lui dura fort longtemps.

Durant une magnifique matinée d'automne je me promenais, il y a quelques années, dans de vastes prairies qui bordent la Seine : le ciel était d'azur et le soleil resplendissant; quel ne fut pas mon étonnement en reconnaissant qu'un réseau d'une miraculeuse finesse couvrait absolument toute la surface de l'herbe fraîchement tondue !

Les rayons lumineux, en miroitant obliquement sur cet immense voile blanchâtre, en irisaient toute l'étendue. Et l'harmonieuse régularité de cette nappe de soie qui s'étalait à perte de vue n'était interrompue que par les longues déchirures qu'y faisaient les vaches à la pâture, dont les jambes, couvertes de flocons soyeux, attestaient les ravages. Enfin, çà et là quelques-uns de ces filaments blancs, enlevés par la brise à la surface de la prairie, erraient dans l'atmosphère et tombaient sur mes vêtements.

J'avais ainsi surpris toutes les phases d'un phénomène dont les savants ont été longtemps sans pouvoir pénétrer le mystère. Ce tissu soyeux, répandu sur toutes les herbes, n'était que le travail de myriades de petites Araignées, secondé par la beauté du ciel. Et ces flocons errant dans l'air n'en représentaient que les débris, et n'étaient autre chose que ces filaments inexpliqués, que le vulgaire désigne sous le nom de *fils de la Vierge*.

En effet, ces flocons que l'on voit tomber de l'atmosphère

durant les belles journées d'automne, après avoir été considérés comme un simple produit chimique de l'air, condensé
par quelque agent spécial, ont été reconnus par Latreille
comme n'étant que le travail de diverses espèces d'Arachnides,
et en particulier des Épeïres, transporté au loin par l'agitation
de l'atmosphère.

D'autres Araignées, au lieu d'étaler leurs produits en tapis
nuageux sur la verdure des campagnes, confectionnent des
tentures serrées et solides, dont elles tapissent l'intérieur de
leur habitation. C'est à quoi s'occupe la Mygale maçonne, si
bien nommée. C'est une véritable sybarite, qui s'enferme dans
sa demeure et s'y repose sur de moelleuses draperies.

Fig. 100. — Épeïre diadème mâle.   Fig. 101. — Épeïre diadème femelle.

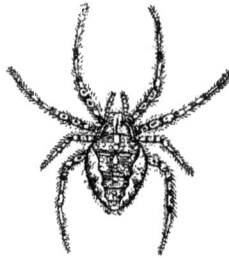

Son habitation consiste en un trou de plusieurs centimètres
de profondeur, creusé dans la terre et parfaitement cylindrique.
L'ouvrière en tapisse tout le pourtour. A cet effet, elle imite
le décorateur qui ne met qu'une étoffe grossière en contact
avec la muraille, et la recouvre ensuite de sa tenture de luxe.
L'Araignée, elle aussi, se sert d'une double toile. L'une, qu'elle
applique sur la paroi abrupte de son souterrain, est épaisse
et négligemment ouvrée; l'autre, qui est placée dessus, est, au
contraire, tissée de sa plus fine soie et habilement tendue.

L'entrée de l'habitation est close on ne peut plus hermétiquement par une petite porte ou couvercle dont le dessous
est légèrement convexe et garni d'un coussin de soie, tandis
que le dessus est plan et formé des mêmes matériaux que le

sol; de manière que, quand l'Insecte est enfermé dans sa demeure, rien au dehors n'en révèle l'existence. Cette porte, elle seule, est un petit chef-d'œuvre de fini et de patience. La Mygale a l'intelligence du mineur, mais n'a nullement celle du menuisier ou du potier de terre; aussi c'est seulement avec ses propres ressources qu'elle apprend à barricader son refuge. L'opercule solide qui lui sert à çet effet est un composé de lames de toile, entre chacune desquelles se trouve une petite couche de terre. Quand le travail est achevé, on compte alternativement une quarantaine de lames de soie et de terre; et c'est avec les premières, qui vont du sol à la porte, que se trouve formée la petite charnière élastique.

Lorsque l'Araignée veut sortir, elle soulève cette espèce de couvercle mobile; et, une fois rentrée dans son souterrain, elle en clôt strictement le seuil et s'endort en sécurité. Mais, si quelque bruit, quelque ébranlement lui révèle qu'on tente de violer sa demeure, sa vigilance s'éveille à l'instant. D'un bond elle s'élance vers la porte, s'y cramponne avec la moitié de ses pattes, et à l'aide des autres s'accroche à la tapisserie du souterrain. Si alors, d'une main curieuse, on soulève délicatement cette porte, on éprouve une petite résistance; et, quand elle s'entre-bâille, on aperçoit les efforts suprêmes de l'Arachnide et sa tête menaçante : elle défend ses foyers jusqu'à l'extrémité.

On peut donner le nom de *Menuisiers* à des légions d'Insectes qui coupent et taillent le bois à l'aide de robustes mandibules, soit pour s'en faire de commodes demeures, soit pour s'en nourrir, soit pour confectionner de petites salles munies de cloisons et destinées à recevoir leur progéniture.

La Fourmi fuligineuse, sculpteur merveilleux, appartient à la première section de ces ingénieux menuisiers. Elle s'établit dans le tronc de nos arbres séculaires. Là elle se creuse une demeure charmante et compliquée, qui se compose d'un certain nombre d'étages superposés, dont les planchers, dépassant peu l'épaisseur d'un fort papier, supportent des perspectives

de fines colonnettes de bois poli, véritable palais dans lequel
circule une population nombreuse et animée. D'autres espèces
de Fourmis ne dédaignent pas de s'installer dans les sommiers
de nos habitations, dont elles compromettent parfois la solidité.

Dans la seconde catégorie se trouve la larve d'un Papillon

Fig. 102. — Mygale maçonne et intérieur de son habitation.

de nuit, qui acquiert jusqu'à huit ou dix centimètres de longueur et est plus grosse que le doigt. Elle ronge l'intérieur des
gros arbres, et fait dans leur tronc de larges et longues galeries tortueuses, qui parfois suffisent pour les tuer. On la voit
travailler avec d'autant plus de zèle que son labeur est la sa-
tisfaction d'un besoin : elle vit de bois.

Quand plusieurs de ces robustes chenilles attaquent en même
temps un orme, il succombe très rapidement. On a parfois vu

cet Insecte anéantir totalement de vigoureuses avenues de haute futaie; aussi lui donne-t-on le nom de Cossus gâte-bois.

Ce Cossus est malheureusement assez commun en France. Souvent, en nous promenant le long d'une plantation d'ormes, nous apercevons, à la surface de quelques-uns de ces arbres, des trous d'où sort une sciure de bois humide. C'est l'entrée des souterrains que ronge la larve du redoutable Papillon.

La larve du Grand Capricorne, *Cerambyx heros*, qui mine

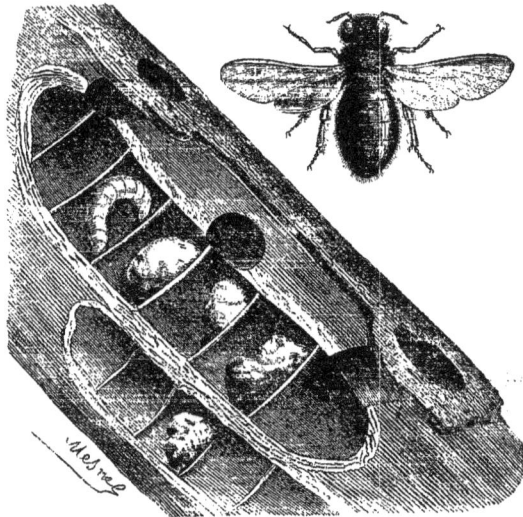

Fig. 103. — Abeille charpentière et ses chambrettes (*Xylocopa violacea*, Fabricius).
(Voy. p. 185.)

l'intérieur des anciens chènes, et souvent gâte les plus belles pièces de charpente, a le dos cuirassé de plaqués solides et rugueuses, qui lui servent ainsi que les genouillères du ramoneur et protègent sa peau, lorsqu'elle grimpe dans ses cheminées ligneuses.

Mais nous trouvons des ouvriers bien autrement ingénieux dans une certaine tribu d'Abeilles, que l'on appelle *Menuisières* à cause de leur habileté à travailler le bois. Celles-ci vivent particulièrement dans les contrées tropicales. L'une d'elles

Fig. 104. — Cossus gâte-bois (*Cossus ligniperda*, Linné)
Papillon, larve et chrysalide.

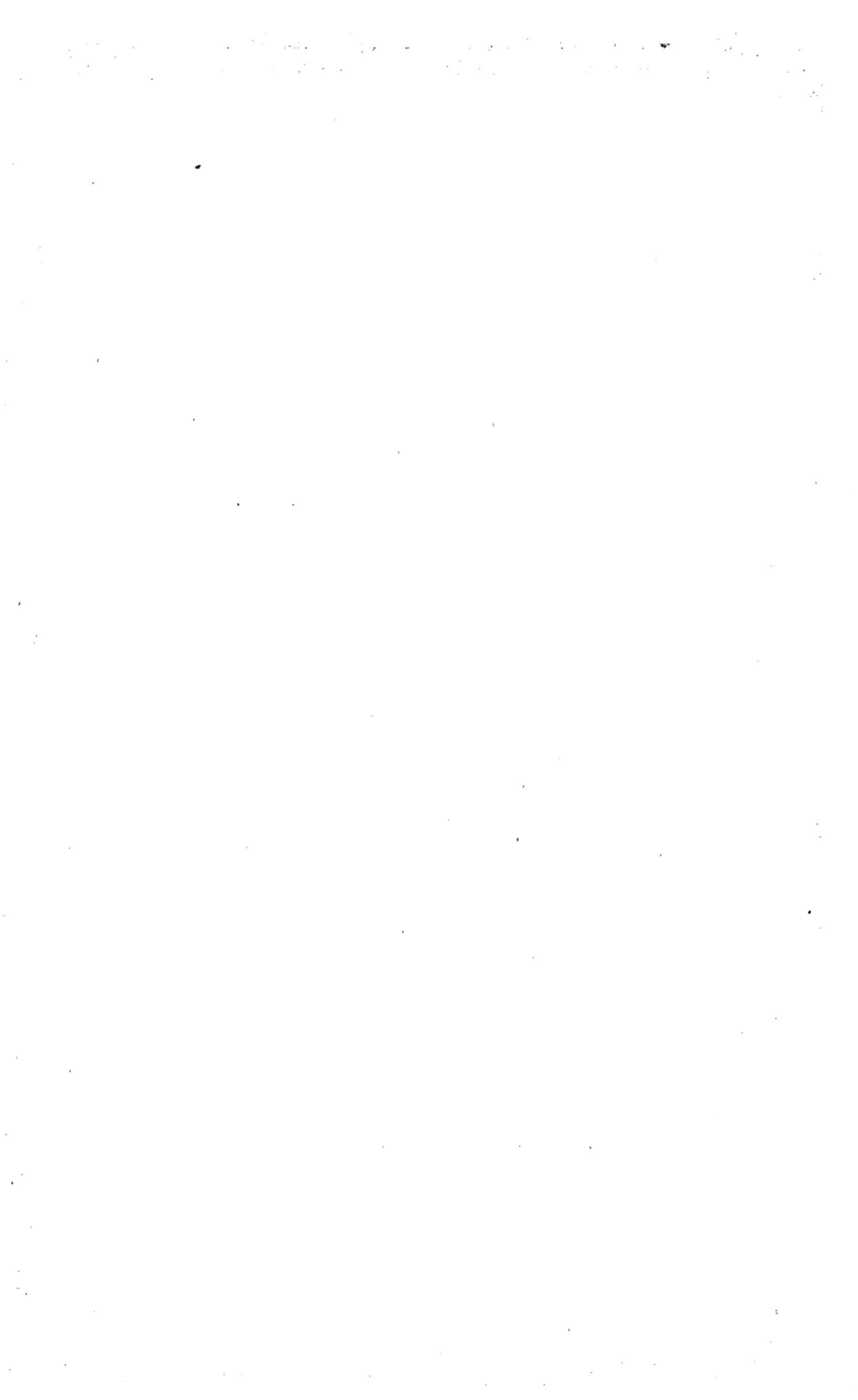

cependant habite nos climats; elle a l'apparence d'un gros bourdon de la plus belle couleur bleue; on la connaît sous le nom d'Abeille charpentière. Uniquement mue par l'instinct maternel, son travail, qui consiste en autant de petites chambres qu'elle produit d'œufs, est un chef-d'œuvre d'art et de prévoyance. Ce sont ordinairement les poutres que cette Abeille attaque. Elle y creuse, dans le sens longitudinal, des canaux qui ont jusqu'à vingt ou vingt-cinq centimètres de profondeur et plus d'un centimètre de largeur.

Quand l'une de ces grandes excavations a atteint toute sa longueur, l'ouvrière s'occupe d'y abriter sa progéniture. A cet effet elle partage le canal en autant de chambrettes qu'elle veut y déposer d'œufs. Chacune de ces chambrettes n'en reçoit qu'un, et, avant de la clore hermétiquement, l'Abeille y emmagasine un amas de miel et de pollen, suffisant pour tous les besoins de la larve qui doit y naître. A la suite de cela, l'habile menuisière, à l'aide de fine râpure de bois agglutinée avec sa salive, confectionne une mince cloison qui isole ce premier compartiment de celui qui suit. Dans la longue excavation qu'il a creusée, l'Insecte forme ainsi une douzaine de petites cellules, qui toutes sont encombrées de bouillie alimentaire.

Lorsque le petit naît, il ne trouve qu'un espace assez restreint; mais, à mesure que sa nourriture diminue, ses mouvements deviennent plus libres. L'aliment a été sagement proportionné aux besoins; la vie de la larve s'achève au moment où la famine va se déclarer. La chrysalide reste emprisonnée dans la chambrette; mais, quand la Mouche en a rejeté les enveloppes, il lui faut impérieusement l'air et la lumière. Alors elle ronge les cloisons qui se trouvent sur son passage et s'élance dans l'atmosphère pour recommencer bientôt des travaux semblables à ceux que fit sa mère. Tel est son destin.

IX

LES TONDEURS DE DRAPS ET LES MANGEURS DE PLOMB

Les marins admirent beaucoup quelques Crustacés de mœurs fort singulières : ce sont des accapareurs d'une étrange espèce, mangeant les propriétaires pour s'emparer de leur domicile. Après avoir dévoré le Mollusque qui habite certaines coquilles, ils font de celle-ci une demeure qu'ils traînent partout avec eux, et sous le toit de laquelle ils s'abritent contre leurs ennemis, en s'y enfonçant comme un soldat dans sa guérite, comme un cénobite effrayé dans sa cellule : de là les noms de *Soldat* ou de *Bernard-l'Ermite* que l'on donne à ces curieux brigands de nos rivages.

Certains Insectes ont dans leurs mœurs moins de férocité et beaucoup plus d'intelligence. Trop débile pour supporter les injures de l'air, leur larve sait se tailler un habit en plein drap. Feutré avec une admirable délicatesse, cet habit est élargi à mesure qu'elle grandit : elle y ajoute constamment des pièces. Si vous vous plaisez à dépouiller le ver de son vêtement, immédiatement il en confectionne un autre. Et même si vous le placez successivement sur des étoffes de couleurs différentes, comme son travail est incessant, il se confectionne un véritable habit d'arlequin, fait de pièces et de morceaux diversicolores. Cet Insecte, c'est la Teigne du drap, malheureusement trop commune dans nos garde-robes, et qui, après s'être métamorphosée, nous donne un petit papillon d'une insidieuse beauté.

Certaines larves aquatiques ne se trouvant pas suffisamment protégées contre les Poissons et les Grenouilles par le fin habit de drap de la Teigne, veulent avoir une plus robuste enveloppe, et, pour la confectionner, choisissent les matériaux les plus variés. Souvent elles se font un fourreau d'une extrême solidité, en agglutinant, en maçonnant ensemble de petites pierres.

Parfois aussi les Phryganes, c'est ainsi que l'on nomme ces prudents ouvriers, construisent leur guérite avec des coquilles d'eau douce; d'autres fois, enfin, elles coupent, à cet effet, de fines herbes et s'en enveloppent tout le corps, de manière qu'elles ressemblent, au fond des mares, à de petites bottes de

Fig. 105. — Bernard-l'Ermite dans son gîte d'emprunt.

foin qui marchent toutes seules, car on n'en aperçoit pas le timide habitant.

Du reste, la Phrygane commune semble peu tenir à la nature des matériaux qu'elle emploie, et volontiers elle se sert de tous ceux qui se trouvent à sa portée. Ayant extrait avec soin plusieurs de ces larves de leurs fourreaux de coquillages, et les ayant ensuite placées dans des vases d'eau dont le fond était uniquement tapissé de petites perles de couleurs variées, je les vis se mettre immédiatement à l'ouvrage, pour se confectionner un nouveau domicile, en choisissant çà et là les perles les plus diversicolores; de manière que, quand la construction fut ter-

minée, chaque vêtement de Phrygane ressemblait à un petit
étui en mosaïque, qui se promenait sur les parois de mon vase
en cristal.

D'autres Insectes, au lieu de ces demeures portatives, se creusent laborieusement un refuge dans les corps les plus durs, même
les métaux. Le plus extraordinaire que l'on puisse citer, sous ce
rapport, est un robuste Hyménoptère, le Sirex géant, dont la
larve, durant notre expédition de Crimée, rongeait les balles des
cartouches de nos soldats, et
les perforait d'un trou profond pour s'y abriter en sécurité. Le maréchal Vaillant
présenta à l'Académie des
Sciences plusieurs balles
ainsi transpercées par ce
plombier inconnu.

On cite plusieurs de ces
rongeurs de métaux. Les
larves d'une Cétoine, on le
savait déjà, traversent par-

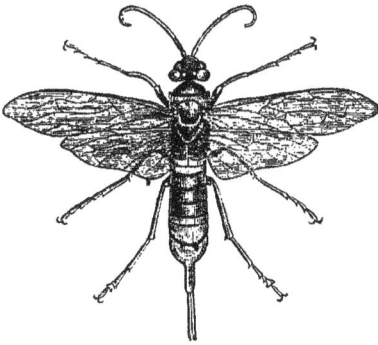

Fig. 106. — Sirex géant, dont la larve
ronge le plomb.

fois les couvertures en plomb de nos terrasses; et l'on m'a
apporté dernièrement au Muséum de Rouen un fragment d'une
gouttière d'église qui présentait de nombreuses perforations
produites par une Callidie.

On avait réparé le toit et mis sous le plomb une pièce de bois
récemment coupé. Il était habité par des larves. Quand la saison fut venue pour elles d'aller à la lumière, elles trouèrent le
plomb et avec leurs fortes mandibules y continuèrent leur galerie
creusée dans le bois.

X

La cloche à plongeur a été inventée par une Araignée ; nous n'avons eu qu'à l'imiter : seulement le copiste est resté au-dessous de l'inventeur. En effet, c'est sous l'eau que l'Insecte édifie, commence et achève son travail, et ce n'est que quand son œuvre est terminée qu'il la remplit d'air vital.

C'est une charmante petite cabane de soie, qui suffit à tous les besoins de l'Arachnide. Celle-ci y passe l'hiver et y élève sa progéniture ; et, quand la faim la presse, elle lui sert d'antre du fond duquel l'infime carnassier guette sa proie et se jette dessus au passage. Cette cloche en miniature adhère aux herbes voisines par un nombre considérable de fils, comme ces liens multiples qui retiennent un aérostat, jusqu'au moment où on lui permet de s'élancer dans les nuages ; eux aussi, ils empêchent que l'air amassé n'enlève la demeure.

Ces petites Araignées nagent facilement ; et c'est à leur vie absolument aquatique qu'elles doivent le surnom de *Naïades*, que leur a imposé Walckenaer, leur ingénieux historien. Une couche d'air fixée aux poils de leur corps, et qui leur donne sous l'eau l'éclat d'une perle animée, facilite leur natation en les allégeant. C'est à l'aide de celle-ci qu'elles parviennent à remplir de gaz respirable leur petite cloche, aussitôt qu'elle est édifiée. A cet effet, l'Araignée vient à la surface du ruisseau prendre une bulle d'air sous son abdomen, puis la porte à son refuge submergé ; et elle répète ses voyages jusqu'à ce qu'il en soit totalement gonflé.

Les entomologistes connaissent encore d'autres Hydrauliciens,

Fig. 107. — Araignée aquatique et sa cloche à plongeur.

mais aucun n'égale en intelligence les Naïades, dont nous venons
de parler.

Un de nos grands Coléoptères de France, l'Hydrophile, dont le nom rappelle les mœurs aquatiques, bâtit aussi sous l'eau une imperméable retraite de soie, mais il ne l'habite pas, et se contente de lui confier sa progéniture; c'est une simple coque pour ses œufs.

D'autres fois, c'est avec des matériaux plus solides que les Insectes construisent. Ils emploient le mortier et la pâte; ce sont de véritables maçons, qui, au lieu de travailler dans les marais, placent leur œuvre en plein air, sur nos monuments élevés ou vers la cime des arbres.

La Mégachile des murailles, qu'on nomme vulgairement *Abeille maçonne*, s'est acquis une grande célébrité à cause des nids en fines pierres ou en mortier qu'elle applique contre les édifices. Ils représentent des cellules ovoïdes, pouvant contenir une noisette. Ce sont autant de gîtes auxquels cette mouche confie sa progéniture. Lorsque, après un long labeur, le monument en miniature est achevé, la mère place à l'intérieur un de ses œufs, puis se retire par l'ouverture restée béante vers le haut, et qu'elle maçonne hermétiquement avant de s'envoler.

La progéniture de l'Abeille se trouve ainsi enfermée, avant de naître, dans un sombre berceau; mais la tendresse maternelle a déployé là toutes les ressources de la plus extrême prévoyance. En opérant de laborieux voyages, la mère a eu le soin d'y amasser la quantité de pâtée qu'il faut à son petit. Et, quand enfin elle ferme l'étroit réduit à l'aide d'une cloison de maçonnerie, elle sait qu'il y possède l'air et la nourriture en quantité suffisante pour arriver à bien, et qu'au moment de prendre son essor, lui aussi, il aura, comme sa mère, des instruments de travail pour défoncer la muraille sous laquelle il est emprisonné.

Dans les pays où les Abeilles maçonnes sont rares, leurs nids sont solitaires ou peu nombreux les uns à côté des autres. Souvent on les rencontre dans des enfoncements de pierres ou sur des cannelures de colonnes. J'en ai trouvé d'isolés sur divers monuments de l'Italie; ils étaient appliqués sur des colonnes et construits avec de petites pierres agglutinées par un mortier très fin. Leur solidité était extrême.

En Égypte, où les Abeilles maçonnes sont fort communes, on rencontre de nombreuses agglomérations de leurs nids dans beaucoup de monuments. La voûte de quelques-uns de ces antiques temples souterrains que l'on appelle *spéos* en est parfois

Fig. 108. — Guêpes cartonnières.

totalement obstruée. Ils y sont même tellement tassés et empilés les uns sur les autres, qu'ils pendent aux plafonds comme les stalactites de nos cavernes. Mais ces nids ne sont plus édifiés en petites pierres : imitant les fellahs de la Haute Égypte, là c'est avec le limon du Nil que l'Abeille maçonne construit sa demeure.

Le plafond d'une salle d'un temple de l'île de Philæ, dans

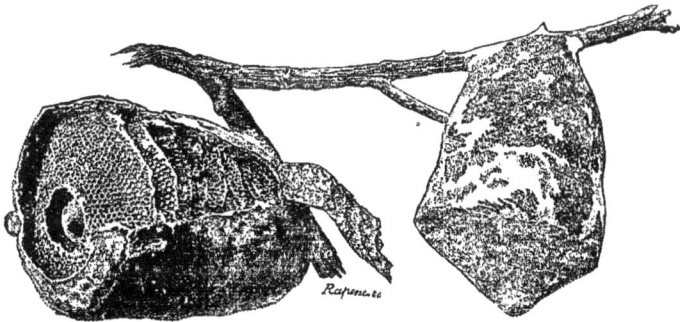

Fig. 109. — Nids de Guêpes cartonnières. (Voy. p. 193.)

laquelle je bivouaquai quelques jours, était entièrement masqué par ces nids. Pendant que j'étais couché, je voyais circuler au milieu d'eux, et avec une surprenante agilité, de ces Lézards qui s'accrochent si bien aux moindres aspérités des murailles, des Geckos, qui se jetaient sur les jeunes Abeilles sortant de

leurs demeures, ou croquaient les larves dont le réduit offrait
quelque brèche[1].

Mais, si quelque Insecte mérite la palme de l'architecture,
il faut absolument la décerner à la Guêpe cartonnière. Celle-
ci se bâtit des demeures beaucoup plus ingénieuses encore
que notre Abeille domestique. Si les gâteaux en cire de
cette dernière offrent des alvéoles d'une merveilleuse régularité, c'est surtout par l'ordonnance générale de son monument
que brille la Guêpe dont nous parlons. Ce guêpier se compose
d'étages régulièrement disposés les uns au-dessus des autres
dans une espèce de tour circulaire. Quelques-unes de ces
maisons possèdent jusqu'à quinze et vingt étages, qui commu-
niquent tous entre eux par un trou placé vers le centre
de chacun. Les alvéoles qui abritent les architectes se trouvent situés au plafond de chaque compartiment. Toute la
demeure de cette Mouche, qui ordinairement pend aux arbres,
est construite en une espèce de pâte brune, tout à fait
analogue à du carton, et c'est de là que lui vient le nom
sous lequel on la connaît. Mais où l'Insecte, qui habite
Cayenne, prend-il ses matériaux? C'est ce qu'on ignore absolument.

---

1. J'ai exprès noté ici l'extrème agilité des Geckos, parce que généralement on
professe que ces reptiles ne se meuvent que fort lentement. Ceux que j'ai observés
en Égypte s'accrochaient si bien et si facilement aux murailles, à l'aide des fines
lames de leurs doigts ou de leurs ongles aigus, on les voyait courir sur les
murs ou sous les plafonds avec tant de prestesse, qu'il était assez difficile de les
y saisir.

LIVRE IV

LES RAVAGEURS DES FORÊTS

Sous un tel titre on s'attend à voir entrer en scène des animaux dont la taille se proportionnera à leurs formidables dégâts. Eh bien, c'est tout le contraire. Ce n'est ni l'aurochs à la crinière hérissée, ni le cerf puissant, ni le sanglier, qui ravagent nos forêts ou les anéantissent, mais ce sont d'infimes Insectes qui en tuent les hôtes séculaires.

Lorsque la chaude haleine du printemps chasse les dernières rigueurs de l'hiver et ranime la campagne, si vous pénétrez dans quelques-unes des grandes forêts de conifères de l'Allemagne, vous êtes tout surpris, au lieu du silence que vous alliez y chercher, du tumulte humain qui y règne : tout est en mouvement.

Là, des masses de bûcherons, de forestiers et de verdiers manœuvrent par centaines, et s'étendent au loin, espacés à l'instar de colonnes de tirailleurs; c'est comme une véritable armée en bataille, qui se développe sur de grands espaces et dont on perd parfois les ailes dans les détours des chemins ou la saillie des coteaux. Cette masse d'hommes évolue toujours en ordre, distribuée par escouades que commandent des chefs expérimentés. Tous sont pourvus de longs engins; de loin on dirait des lances.

Ailleurs, au contraire, c'est une longue file de pionniers régulièrement espacés, qui se perd dans le lointain ; tous, avec une fébrile activité, creusent le sol et font de longues tranchées de plusieurs lieues de circonvallation, qui suivent les chemins et tendent à isoler les uns des autres les cantons de la forêt.

Si votre excursion se fait la nuit, un autre spectacle vous attend. Toute la forêt paraît embrasée. Dans chaque district brûlent quelques grands arbres, debout et isolés, semblables à d'effrayantes torches, dont la flamme s'élève vers les nuages et éclaire sinistrement tout le site environnant. Quelques bûcherons, debout et silencieux, regardent les progrès de l'incendie et surveillent ses ravages. D'autres fois enfin, mais c'est la ressource suprême, la forêt entière est la proie de l'embrasement, et les tourbillons de l'incendie, menaçants et terribles, se répandent de tous côtés ; une région forestière naguère fertile est dévorée par le feu : d'un tel amas de richesses il ne reste plus qu'une immense montagne de cendres et de charbon.

On se demande contre quel formidable ennemi on a lancé une telle armée d'hommes ! Qui donc les uns vont-ils attaquer avec les bâtons qu'ils brandissent de toutes parts ? De quels agresseurs puissants les autres prétendent-ils arrêter la marche par les longs fossés qu'ils creusent ? Pourquoi ces feux effrayants au milieu de la nuit ? Pourquoi cet embrasement général ?

L'ennemi formidable, ce n'est parfois qu'un seul Insecte. Mais celui-ci menace tout de sa dent meurtrière, et l'on aime mieux décimer la forêt que de la perdre totalement.

En effet, on est stupéfait en voyant que tant et tant d'efforts puissants ne sont absolument dirigés que contre la progéniture d'un simple papillon ; mais ses chenilles se sont parfois tellement multipliées, que pour préserver de la ruine toute la forêt il faut entièrement les exterminer. Là les bûcherons et toutes leurs familles, qu'on lève en masse, ne sont occupés

Fig. 110. — Bombyce ou Fileuse du pin (*Phalæna bombyx pini*, Linné).
Larve, cocons et papillon. — D'après Ratzeburg.

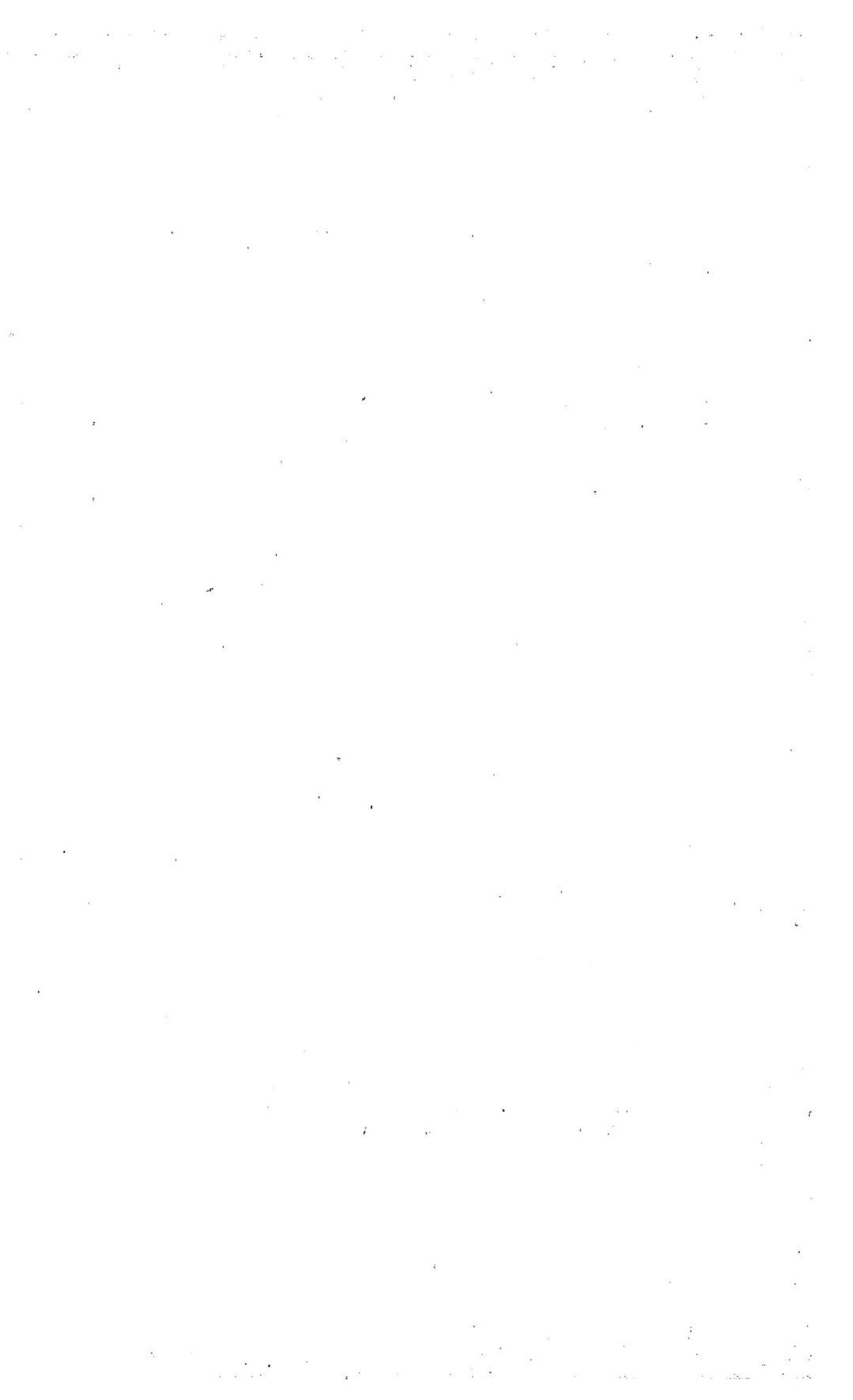

qu'à écraser sur les troncs des arbres cette funeste lignée. Ailleurs les autres circonscrivent de fossés les districts empoisonnés, afin d'arrêter l'invasion des chenilles qui, lorsqu'elles ont tout dévoré dans un site, vont par bandes immenses envahir les parties saines.

Mais, malgré tant de labeur, l'homme est parfois vaincu par l'Insecte; il ne lui reste qu'une ressource extrême, c'est de mettre le feu à la forêt et d'en brûler les envahisseurs.

Toute cette guerre d'extermination, dont nous venons de tracer le tableau succinct, n'est dirigée que contre un petit nombre de nos ennemis, car, pour la plupart, ils savent se soustraire à l'empire du cultivateur, et leur formidable armée défie notre impuissance.

Ces grands travaux sont surtout entrepris contre quelques Papillons de nuit, car ce sont de lourdes Phalènes, qu'on doit ranger parmi les plus funestes Ravageurs des forêts.

On les attaque sous leurs trois états; on écrase leurs chenilles sur les troncs des arbres, au moment où elles y montent.

Quand, après avoir dévoré tout un district de bois, celles-ci vont en colonnes serrées envahir une région saine, elles tombent dans les fossés creusés par les pionniers; et, lorsqu'elles les ont encombrés, on les y étouffe en masse en les recouvrant de terre. Les grands feux allumés dans les forêts sont dirigés contre les Phalènes nocturnes; leur lueur les attire, et bientôt elles se trouvent grillées par la flamme en voulant trop s'en approcher.

Le Bombyce du pin mérite la triste prérogative d'être cité au premier rang parmi les ennemis des forêts. C'est l'Insecte le plus nuisible à l'arbre dont il porte le nom. Il attaque surtout les bois de soixante à quatre-vingts ans, et l'on connaît maint exemple de forêts de cet âge qui ont été totalement dévastées par ses chenilles, que les agronomes allemands nomment *Fileuses du pin*, à cause des nombreux cocons dont elles tapissent les feuilles de ce végétal.

Les forestiers redoutent tout autant une autre Phalène, qu'ils

appellent vulgairement le *Moine* ou la *Nonne*, à cause de sa
robe chamarrée de noir et de blanc, comme celle de certains
religieux. Elle est d'autant plus funeste que sa chenille attaque
non seulement les forêts de conifères, mais encore toutes celles
de bois feuillus, tels que les hêtres, les chênes et les bouleaux.
Ses papillons se rencontrent à l'automne, et parfois en telle
abondance, que dans le lointain on croirait voir voltiger des
flocons de neige. C'est aussi contre le Bombyce Moine que l'on
dirige les exterminations en règle dont il a été question plus
haut.

Au nombre des Papillons dont la progéniture dévaste nos
bois, il faut encore citer la Phalène pinivore. Ses chenilles, qui
se multiplient parfois extraordinairement, font alors de grands
dégâts parmi les forêts de pins. Elles sont surtout redoutables
parce qu'elles se montrent de très bonne heure et dévorent
les jeunes pousses. On les combat avec les mêmes moyens que
les précédents; on en arrête l'invasion par des tranchées, et
dans certains pays l'Homme s'adjoint comme auxiliaires des
troupeaux de porcs, qui en mangent des masses. A cet effet,
on conduit ces porcs dans les forêts vers le mois d'août, moment
où ils saisissent les chenilles, lorsqu'elles descendent des arbres
pour aller hiverner sous la mousse ou la terre.

D'autres Insectes, au lieu d'attaquer les tiges ou les feuilles,
s'en prennent aux bourgeons. L'un d'eux, en rongeant ceux des
pins, produit d'assez amples dégâts. Sa chenille, qui est toute
petite, après s'être introduite sous les écailles du bourgeon,
ronge une partie de celui-ci, de façon que la flèche, altérée
dans son organe initial, perd sa direction rectiligne, se tord
et devient tout à fait difforme. Lorsque ces ouvrières ont
envahi un district de forêt, on s'en aperçoit au loin par l'aspect
étrange qu'offrent ses sommités. Toutes les pousses terminales
sont plus ou moins gibbeuses et contournées, au lieu d'avoir
leur direction normale. C'est à ce résultat que l'espèce a dû le
nom de Tordeuse du pin, sous lequel les forestiers la désignent
communément.

Fig. 111. — Bombyce Moine ou Nonne (*Bombyx monacha*, Fabricius). — Chenilles de deux âges, chrysalide et papillon.

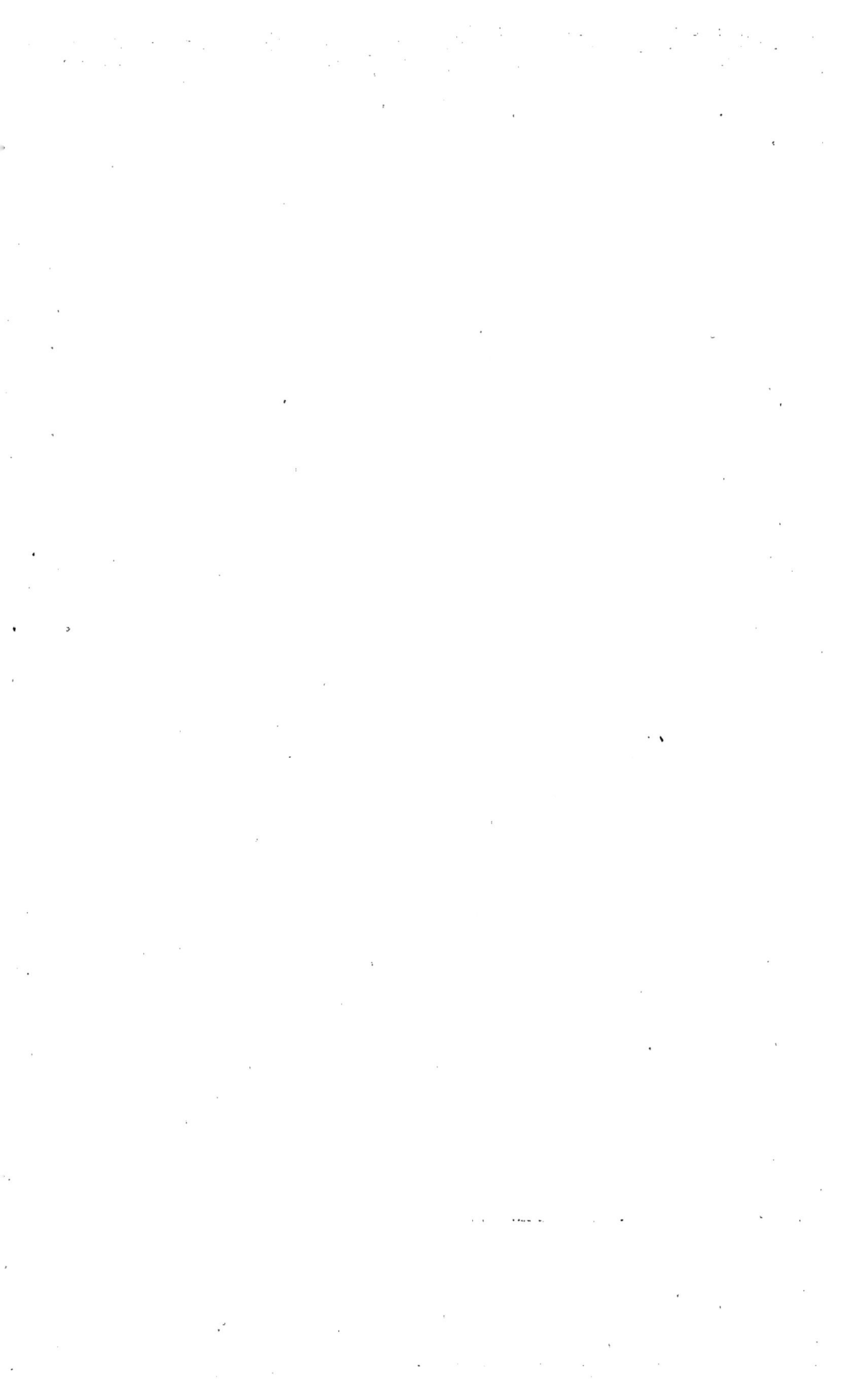

Certains Ravageurs, au lieu de cette guerre déclarée au grand jour, opèrent sourdement et dans l'ombre ; ce sont des ennemis cachés que rien ne peut dépister ; on ne se doute souvent de leur présence que lorsqu'ils ont tué leur victime. Les uns vivent

Fig. 112. — Phalène pinivore (*Phalæna bombyx pinivora*, Ratzeburg).

de bois et s'y creusent de vastes et tortueuses galeries, qui bientôt altèrent si profondément les arbres, que les plus robustes y succombent. D'autres travaillent entre l'écorce et l'aubier, en œuvrant des matériaux moins rebelles à leur dent.

Dans la première catégorie il faut placer les Cossus, ardents menuisiers, dont nous avons déjà parlé. Dans la seconde vient se ranger la nombreuse légion des Typographes, des Calcographes et des Sténographes, surnommés ainsi à cause de l'apparence

Fig. 113. — Tordeuse du pin (*Tortrix Turionana*, Ratzeburg). — Chenille et papillon grossis et de grandeur naturelle.

des ciselures dont on les voit ornementer si déplorablement la surface du bois. Chaque espèce trace toujours le même

Fig. 114. — Bostriche typographe. (Voy. p. 206.)

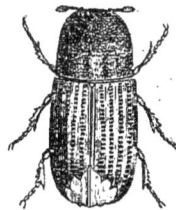

Fig. 115. — Bostriche à dents recourbées. (Voy. p. 206.)

dessin, de manière qu'à l'œuvre on reconnaît l'artisan ; sans le voir, on sait à quel ennemi on a affaire.

Presque tous ces travailleurs sont des Coléoptères de fort

petite taille, appartenant aux genres Bostriche et Hylésine.
Leur dent, d'une activité funeste, creuse de nombreuses galeries entre le bois et l'écorce, en entamant à la fois l'une et
l'autre de ces parties. Ces infimes ravageurs n'ont souvent pas
plus de quatre à cinq millimètres de longueur; aussi, comme
leur corps est grêle en proportion, n'ont-ils besoin que d'un
bien étroit boyau pour s'y promener tout à l'aise. Cependant,

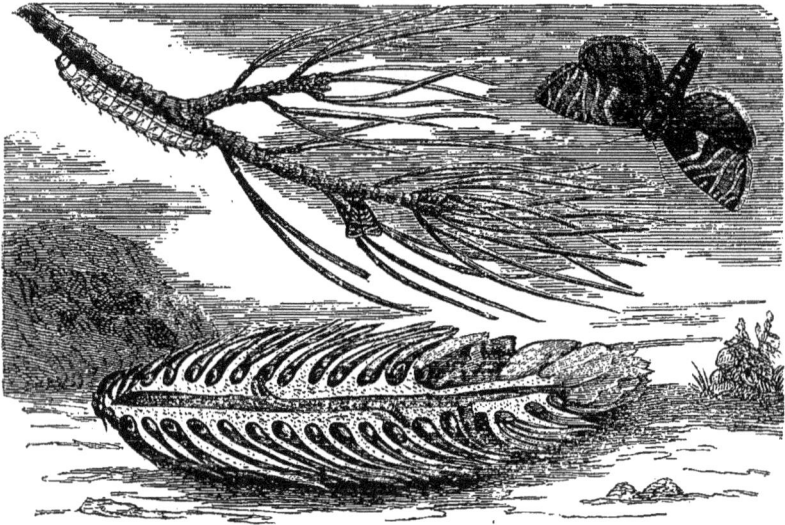

Fig. 116. — Pyrale des cônes (*Tortrix strobilana*, Ratzeburg). — Chenille et papillon
grossis et de grandeur naturelle. Coupe d'un cône d'épicéa pour faire voir le travail de
la chenille.

comme chaque Insecte procrée beaucoup, le nombre des galeries creusées par une seule famille couvre parfois une large
surface de l'arbre; et, si l'espèce s'est multipliée à l'entour de
celui-ci, son travail en détache totalement l'écorce et la fait
tomber en poussière.

Presque toujours, comme l'ont révélé les observations attentives des forestiers, le couple de Typographes entre dans l'arbre
en perforant l'écorce, et, ce premier travail accompli, il y
creuse une galerie centrale qui n'est pour les deux époux

qu'une véritable chambre nuptiale. Là, s'efforçant de se rendre
la vie le plus agréable possible, à cet effet ils pratiquent
à travers l'écorce deux à quatre trous qui ne sont autres que
des espèces de ventilateurs destinés à aérer la chambrette, et
peut-être aussi à en éclairer les détours. La femelle pond ses
œufs tout le long de cette cavité; elle en produit de cinquante
à cent, et c'est après en être sorties que les jeunes larves
creusent, pour se nourrir, toutes les petites galeries qui rayon-
nent le long du réduit de leurs parents. C'est vers leur extrémité
qu'elles se métamorphosent, et qu'en arrivant à l'état parfait
leur vient le désir d'aspirer l'air pur; alors ces Insectes percent
l'écorce et se répandent au dehors.

De tous ces graveurs de bois, c'est le Bostriche typographe
qui est regardé par Ratzeburg comme le plus dangereux. Il
dit qu'il ravage de telle sorte les forêts d'épicéas, que souvent
pas un arbre n'échappe à ses atteintes. C'est sans doute pour
peindre l'étendue de ses déprédations que ce savant donne à
ce tout petit Insecte le nom effrayant de *grand rongeur du sapin*.
Près de lui il faut aussi mentionner le Bostriche à dents recourbées et l'Hylésine du pin, qui ont à peu près les mêmes mœurs.

Chaque organe a son ennemi. Que nos pommes et nos prunes
soient rongées et labourées par des vers, leur tissu mou se prête
à merveille à leurs dégâts; mais des fruits aussi durs et aussi
bien protégés que ceux des conifères sembleraient devoir être
à l'abri de telles attaques. Il n'en est rien.

La progéniture de quelques infimes papillons, celle des
Pyrales des cônes, se fait un jeu d'en ronger et d'en détruire
les robustes écailles. Elle se creuse des galeries dans leur axe,
et de là se rend dans les interstices des squames.

LIVRE V

LES DÉFENSEURS DE L'AGRICULTURE

Près de ces innombrables légions d'ennemis, dont la dent dévorante, perpétuellement active, décime ou ruine l'agriculture, il a été créé une courageuse armée qui seule en arrête les ravages. Mais trop souvent l'Homme, par frivolité ou ignorance, détruit ses providentiels auxiliaires, et trop souvent aussi il ne les rappelle qu'après les avoir exterminés : il met leur tête à prix aujourd'hui, et demain il les rachète au poids de l'or.

Tous les aimables hôtes de nos bocages ont subi cette alternative. Les Mésanges, les Fauvettes, les Rossignols, les Merles et tant d'autres détruisent des masses de toutes ces chenilles qui nous ruinent, et ils sont plus habiles que nous pour les découvrir dans leurs retraites cachées. Parmi nos auxiliaires il faudrait citer presque tous les petits oiseaux des bois. Et cependant combien de fois l'arme du chasseur a-t-elle détruit ces charmants et actifs ouvriers ! Il n'y a que peu de temps qu'on a suspendu ses ravages et qu'on protège leurs couvées.

Si quelques Rongeurs grugent nos récoltes, ils trouvent des exterminateurs naturels parmi la nombreuse légion des Mammifères carnassiers et celle des Oiseaux carnivores.

A la tête des protecteurs de l'agriculture il faut aujourd'hui ranger la Taupe, dont les mœurs ont été si longtemps méconnues.

Loin d'être nuisible aux productions de la terre, c'est un de leurs plus efficaces gardiens; occupé du matin au soir à dévorer tous les ennemis des racines, lui n'en attaque jamais une seule.

Le régime de la Taupe se compose de Mans, de Courtilières et d'Insectes de toute espèce. Un naturaliste a calculé qu'une Taupe dévorait annuellement 20 000 Mans. Mais l'animal auquel elle paraît surtout faire une guerre acharnée est le Ver de

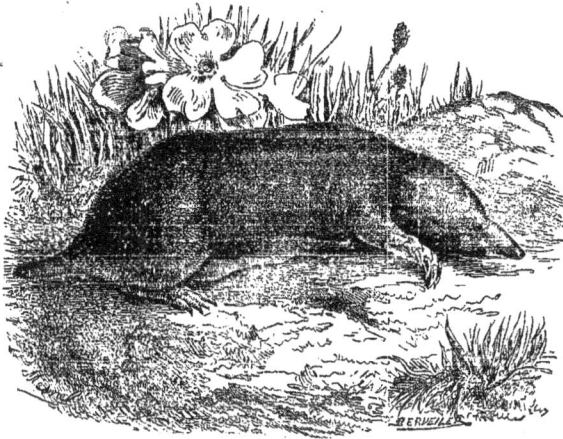

Fig. 117. — Taupe d'Europe (*Talpa Europæa*, Linné).

terre. Elle est tellement vorace qu'il faut qu'elle mange toutes les six heures. Aucun animal n'est aussi bien favorisé que la Taupe dans son instinct carnivore; quarante-quatre dents hérissées de pointes ne cessent de fonctionner du matin au soir. Elle a un tel besoin de nourriture, que si elle vient à en manquer pendant une seule journée, elle périt d'inanition. C'est une véritable *machine à manger*, engloutissant chaque jour proportionnellement une énorme quantité d'aliments; aussi M. de la Blanchère a-t-il pu dire avec raison : « Grandissons la Taupe à la taille du Lion, et nous serons en présence de la bête la plus terrible que la terre ait portée ».

Ce que l'on ne croirait pas, si cela n'était attesté par un savant tel que E. Geoffroy Saint-Hilaire, c'est que la Taupe, animal souterrain par excellence, quoique plongée sous le sol, n'en attrape pas moins des oiseaux pour les dévorer. Le rusé Mammifère se livre à cette chasse en agitant un peu son museau à fleur de sa taupinière. L'oiseau croit voir là un vermisseau qui remue, et se précipite dessus pour le saisir, mais il ne trouve que la gueule affamée du terrassier, qui l'engloutit à l'instant.

La structure de l'ouvrier est merveilleusement adaptée à son genre de vie. Ses membres antérieurs représentent deux larges pelles tranchantes, mues par un appareil musculaire tellement puissant qu'à lui seul il pèse presque autant que tout le reste du corps. Son museau, boutoir mobile, perfore d'abord le sol, et les pattes le déblayent à mesure. Secondée par de tels organes, la Taupe perce ses canaux souterrains avec une vélocité prodigieuse; c'est une *tarière vivante*, un véritable *instrument à terrasser*.

Cet animal dévore sa proie avec tant de gloutonnerie, que quand celle-ci est d'un certain volume, si c'est un Rat ou un Oiseau par exemple, il entre en quelque sorte dans ses entrailles; la tête et les pattes de devant s'y trouvent tellement enfoncées, qu'on ne le voit presque plus. Le carnassier fouille sa victime comme s'il perforait la terre.

Jamais la Taupe ne ronge de racines; j'en ai ouvert des centaines sans en rencontrer une seule dans leur estomac, qui, au contraire, était toujours gorgé de Mans et de Vers de terre. Cet Insectivore est donc un de nos ardents auxiliaires; on le sait bien là où l'agriculture est confiée à des mains expérimentées. Là aussi, et cela a lieu dans certains vignobles dévastés par les Mans, on en achète pour leur confier la destruction de ces redoutables ennemis[1].

---

1. L'existence de la Taupe n'est qu'une suite de paradoxes. La propreté de sa fourrure, par exemple, est une chose réellement merveilleuse. Toujours plongée au milieu de la terre ou de la boue qui envahit ses souterrains, quand on l'en retire, sa robe n'en est pas moins d'une fraîcheur admirable. Elle n'est souillée d'au-

Un autre Mammifère bienfaisant, et sur lequel on a été tout aussi trompé qu'à l'égard du précédent, c'est le Hérisson.

Représenté partout comme un pillard de nos vergers, enfilant les pommes et les poires avec ses épines, et allant les manger dans sa retraite, le Hérisson, au contraire, ne touche jamais à un fruit. C'est un actif carnassier, qui ne se nourrit que de Vers, d'Insectes, de Limaçons, et de Rongeurs nuisibles à nos habitations. Loin de dévaster nos jardins et nos terres, il les protège. Aussi cela est-il parfaitement connu dans quelques pays où, comme à Astrakhan par exemple, on le substitue au chat dans les maisons de la ville.

A ces auxiliaires d'une activité notable il faut en ajouter une ample légion de beaucoup plus petits, mais dont le travail, en se multipliant, arrive ainsi à un chiffre important. Ceux-ci se trouvent, comme une providentielle compensation, dans cette classe des Insectes qui nous causent tant de dégâts. Ces bienfaiteurs, perdus, méconnus au milieu de l'ennemi, appartiennent principalement à la tribu des Carabiques, aux dévorantes mâchoires : ce sont surtout les Calosomes, les Cicindèles et les Carabes tout resplendissants de pourpre et d'or, qui, pleins de vaillance, se jettent courageusement sur tous les Insectes lorsqu'ils passent à leur portée. Ailleurs nous trouvons les insidieux Scarites cachés dans leur souterrain, et y guettant leur proie au passage.

Au lieu d'écraser impitoyablement tous ces Coléoptères bienfaisants, comme on le fait ordinairement quand on les rencontre dans les jardins ou la campagne, il faut les protéger, car ils y dévorent en grandes masses les chenilles qui les ruinent.

cune tache, d'aucune poussière. Cette robe soyeuse a plusieurs fois tenté les chercheurs de nouvelles frivolités. Quelques dames de la cour de Louis XV, l'alliant aux mouches, au rouge et au fard dont elles se couvraient le visage, eurent l'idée de s'en faire des sourcils, tandis que les courtisans de ce prince rassemblaient des masses de peaux de Taupe et s'en faisaient faire des vêtements divers. Mais on n'obtenait ainsi que des habillements qui revenaient à un prix élevé et exhalaient une odeur assez désagréable ; aussi la mode en fut-elle absolument éphémère.

LIVRE VI

L'ARCHITECTURE DES OISEAUX

L'extrême diversité des constructions des Oiseaux a excité l'admiration de tout le monde. Ces animaux en varient à l'infini les formes, le style et les matériaux ; aussi est-il possible d'en faire autant de catégories que nous avons de professions. Les uns charpentent, d'autres tissent, quelques-uns bâtissent, et l'on trouve parmi eux des terrassiers, des maçons et de véritables mineurs; il n'y manque que des forgerons.

Près de nos gigantesques monuments, tels que Saint-Pierre de Rome et les pyramides des Pharaons, le nid de l'Oiseau n'est qu'un point dans l'espace; mais le travail grandit subitement à nos yeux lorsque l'on compare la faiblesse de l'ouvrier à l'ampleur de son œuvre ; car quelques-uns de nos architectes aériens, pour édifier leurs demeures, amassent plus de terre en une seule saison qu'un homme n'en amoncellerait proportionnellement en toute sa vie!

Leurs constructions animent tous les sites de la nature. Les uns, tels que les Aigles et les Vautours, ne les édifient que sur les sommets déchirés des montagnes, sur la roche aride et nue; d'autres, plus délicats, tels que certains Colibris, les laissent se balancer au gré du zéphyr, et se contentent de les suspendre à l'extrémité d'une feuille de palmier que rase une nappe d'eau. Quelques oiseaux ne nidifient que dans le fond des cavernes ou au milieu des ruines ,que ne foule jamais le pied de l'homme : se soustraire à tout regard est pour eux un impérieux besoin. Au contraire, il en est qui recherchent notre contact. Persuadés de toute l'affection qu'on leur porte, pleins de confiance, ils entrent même dans nos demeures, comme s'ils étaient du logis, et, malgré le bruit et le fracas qui se font autour d'eux, s'endorment paisiblement dans le berceau qu'ils y ont suspendu.

Les Hirondelles semblent instinctivement savoir que personne ne voudrait leur faire de mal. Presque toutes les autres espèces nous fuient; elles seules s'installent en sécurité près de nous; ce sont nos hôtes.

Une Hirondelle de cheminée, dont le nid est au Muséum de Rouen, avait construit son gîte au centre de l'usine de l'un de mes honorables amis, à la voûte d'une forge en pleine activité, sans s'effrayer ni de l'ardeur du feu, ni des torrents de fumée, ni du retentissement continuel des marteaux.

L'amour maternel, chez l'Oiseau, s'ingénie au suprême degré. Si la Caille et la Perdrix, mères trop confiantes, déposent leur progéniture sur la terre, à découvert, l'exposant ainsi à la voracité de chaque Carnassier qui passe, d'autres espèces prennent des précautions infinies pour la défendre. Le Martin-Pêcheur creuse un profond et sinueux souterrain pour abriter la sienne. La Pie, pour protéger ses petits, construit une véritable citadelle casematée, où elle n'entre et d'où elle ne sort que par un chemin couvert. Seulement, au lieu de charpente ou de terre, ce sont des branches étroitement entrelacées qui couvrent le nid et le défendent contre les Aigles et les Faucons, ces véritables brigands de l'air.

I

La nature nous offre partout les plus extrêmes oppositions. Les Oiseaux ont aussi leurs pygmées et leurs géants ; leurs paresseux et leurs infatigables travailleurs. Leurs mœurs présentent, côte à côte, l'imbécillité et l'intelligence, la solitude et la vie de famille.

Souvent, dans les régions tropicales, là où le soleil darde ses plus ardents rayons, vous voyez voltiger sur les fleurs de brillants Oiseaux, qui passent rapides comme l'étincelle d'une topaze ou d'un rubis : ce sont les Colibris, véritables diamants vivants, plus frêles que certains Insectes, et qui deviennent fréquemment la pâture des grosses Araignées.

Le géant de ce groupe atteint à peine la taille d'un Moineau, et le plus petit ne dépasse guère la grosseur d'un Bourdon. Aussi, pour ces Oiseaux-Mouches, comme le vulgaire les nomme, chaque parcelle de la création est un monde. Une simple feuille suffit aux ébats de toute une famille ; une fleur devient la couche parfumée sur laquelle s'accomplit l'hyménée, et les pétales de sa corolle s'épanouissent en dais velouté qui voile leurs chastes amours.

Si vous compariez la taille des Oiseaux entre eux, vous arriveriez à des chiffres prodigieux. Lacépède, qui sans doute ne se piquait pas de l'exactitude d'Archimède, avait supputé qu'il faudrait mille millions de Musaraignes pour équivaloir au poids d'une Baleine. Si cela était vrai, il faudrait aussi entasser quelques millions d'Oiseaux-Mouches pour contre-balancer la pesante Autruche[1].

Nous venons de parler de l'Autruche, mais celle-ci n'est elle-même qu'une assez faible créature, comparée aux deux merveilles de l'ornithologie, dont on a dû la révélation aux illustres zoologistes R. Owen et Isidore Geoffroy Saint-Hilaire.

L'une d'elles, le Dinornis gigantesque de la Nouvelle-Zélande, dont le Muséum des chirurgiens de Londres possède une partie du squelette, devait avoir environ quinze pieds de hauteur. L'os de la jambe d'un Homme n'est qu'un grêle fuseau auprès de celui de cet Oiseau colossal.

La disparition de ce monstrueux animal date d'une époque

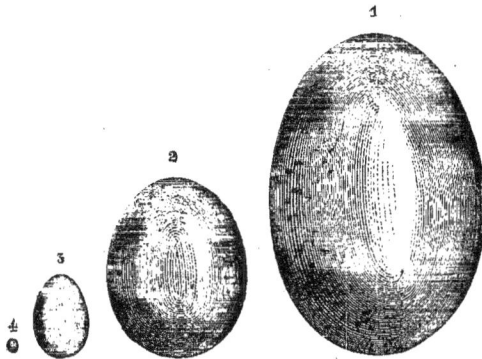

Fig. 118. — Dimensions comparées d'œufs d'Oiseaux. 1, Épiornis. 2, Autruche. 3, Poule. 4, Oiseau-Mouche.

assez rapprochée de nous, et tout atteste que les premiers habitants de la Nouvelle-Zélande l'ont parfaitement connu. Les anciennes légendes de cette île nous révèlent que, lors de sa découverte, on la trouva remplie par des Oiseaux d'une taille effrayante. Là il existe aussi de vieilles poésies dans lesquelles le père apprend à son fils comment on chasse le *Moa*, nom que portait primitivement l'espèce ; on décrit dans ces poésies le cérémonial que l'on observait aux repas qui avaient lieu après qu'on l'avait tué. On en mangeait la chair et les œufs ; les plumes servaient à orner les armes des vainqueurs. Certaines collines sont encore jonchées d'ossements de Dinornis, débris de ces grands festins des chasseurs.

Fig. 110. — Aigle enlevant Marie Delex, dans les Alpes, en 1838. (Voy. p. 218, note.)

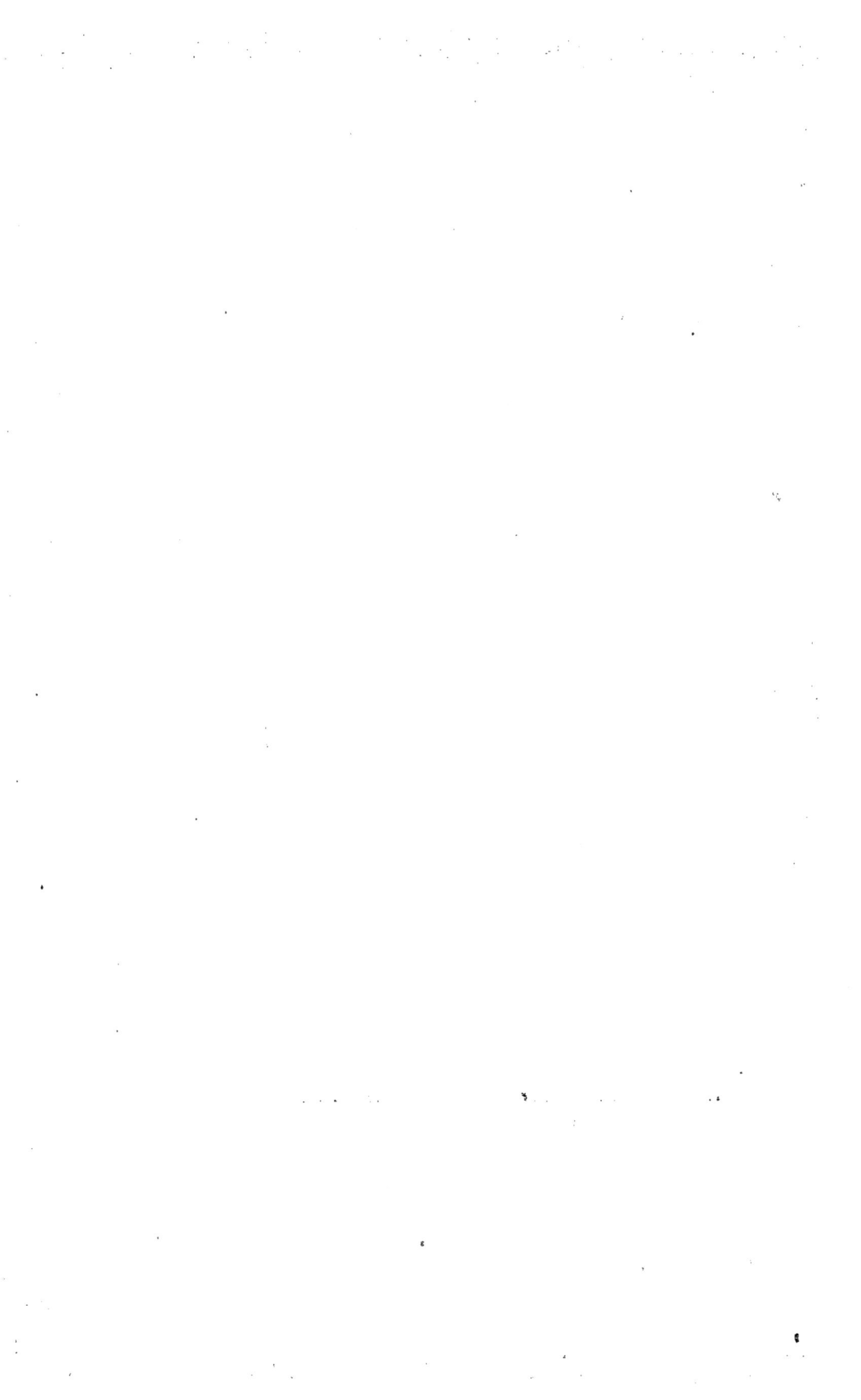

L'autre Oiseau colossal, l'Épiornis, qui vivait naguère à Madagascar, a dû être encore d'une taille plus élevée. L'un de ses œufs, qui est aujourd'hui au Muséum de Paris, est six fois plus volumineux que celui de l'Autruche, et l'on a calculé que, pour en combler la cavité, il faudrait douze mille œufs d'Oiseau-Mouche. Sa coque, épaisse de deux millimètres, ne peut être brisée qu'à coups de marteau. Quelle puissance fallait-il donc qu'eût le bec du jeune petit pour parvenir à la trouer !

Quelles différences aussi dans les forces ne trouve-t-on pas chez l'Oiseau ?

En fuyant devant le chasseur, dont le coursier arabe la serre de plus en plus, l'Autruche effrayée et furieuse déchire le sol du désert en s'y cramponnant, et imprime de profondes traces sous chacun de ses pas, en lançant au loin un nuage de sable. et de cailloux. Au contraire, lorsque, attirée par les fleurs de la royale Victoria, épanouies et flottantes, une couvée de Colibris se joue et scintille autour, comme un écrin de topazes et de rubis frappé par les rayons du soleil, ni la nappe unie du lac, ni les belles fleurs n'en sont troublées. Et lorsque l'un de ces diamants ailés se pose sur quelque pétale de leur virginale corolle, il ne l'ébranle seulement pas. Puis, quand le frêle Oiseau s'envole, sa toute petite griffe n'en offense même nullement le moelleux velouté : il eût pu s'abattre sur l'un des rameaux d'une pudique Sensitive sans qu'elle s'en fût alarmée.

Au contraire, doué d'une suprême vigueur, un grand Rapace d'Afrique, le Serpentaire, sans cesse occupé à combattre les reptiles, d'un coup d'aile étourdit une tortue ou un robuste serpent. Le Cygne, avec la même arme, casse la jambe d'un homme, ou, comme on l'a vu parfois, le précipite dans l'eau. Le Vautour gypaète, à ce que rapportent quelques zoologistes, attaque à l'improviste les chasseurs dans les passages dangereux des Alpes, et, quelquefois, les embarrasse fort. L'Aigle, dans son vol audacieux, enlève des enfants à travers les plaines de l'air et les brise dans les précipices des montagnes[1].

Si nous examinons la forme que nos architectes ailés donnent à leur couche nuptiale ou les matériaux avec lesquels ils l'édifient, nous voyons qu'ils varient infiniment. Quelques Oiseaux, tels que les Aigles et les Autours, qui placent leur aire au milieu des solitudes et des rochers, ne font entrer dans leurs constructions que d'abrupts fragments de bûchettes entassés en désordre; d'autres y emploient des feuilles ou de la mousse, qu'ils arrangent avec art. Mais de tels matériaux sont encore trop rudes pour le corps délicat de la ruisselante armée des Colibris. Ceux-ci, à l'exemple du Bec en scie, se confectionnent souvent une moelleuse et charmante petite coupe en coton, pour y abriter leur écrin d'émeraudes sans en ternir l'éclat. D'autres espèces du même groupe, tout en employant d'aussi doux coussins, garnissent de fragments de lichens tout l'extérieur de leur nid, sans doute pour mieux le dérober aux animaux carnassiers, au milieu du feuillage; tel le fait le Colibri à plastron noir, de Buffon.

---

1. Un des derniers faits de cette nature que l'on connaisse a eu lieu en 1838, dans le Valais. Une enfant âgée de cinq ans, nommée Marie Delex, jouait avec une de ses compagnes sur une pelouse de montagne, quand tout à coup un Aigle fondit sur elle et l'enleva aux yeux et malgré les cris de sa jeune amie. Des paysans, accourus aux cris de celle-ci, cherchèrent en vain l'enfant; on ne trouva qu'un de ses souliers au bord d'un précipice. L'enfant n'avait point été portée au nid de cet aigle, où l'on ne vit que deux petits environnés de beaucoup d'ossements de chèvres et de moutons. Ce ne fut que deux mois plus tard qu'un berger découvrit le cadavre de Marie Delex, affreusement mutilé et gisant sur un rocher, à une demi-lieue de l'endroit où elle avait été enlevée.

Fig. 120. — Nid du Colibri bec en scie (*Petasophora serrirostris*). D'après Gould.

II

Quelques Oiseaux se font remarquer et par l'ampleur de leurs constructions, et par les notions innées qu'ils semblent avoir sur certains phénomènes chimiques qu'on les voit parfaitement utiliser.

Tel monticule d'un parc anglais nous étonne par ses dimensions et le travail qu'il a exigé. Beaucoup de bras et de temps y ont été employés, et cependant, si vous comparez l'ouvrage aux moyens de l'ordonnateur, cet amas de terre vous semble bien peu de chose. Un Oiseau, à lui seul, accomplit une besogne mille fois plus considérable : c'est le Mégapode tumulaire.

Celui-ci a le port et la taille d'une Perdrix, et sa modeste robe brune rappelle les sombres couleurs de beaucoup d'Oiseaux de sa patrie, l'Australie, cette terre des merveilles zoologiques; mais ses travaux et son intelligence font immédiatement oublier le triste aspect de l'ouvrier.

La nidification de cette espèce est vraiment une œuvre herculéenne; et l'on n'y croirait pas, si elle n'était attestée par les plus authentiques témoignages.

C'est sur le sol que repose l'immense construction que fait le Mégapode. Il commence par y amasser une épaisse couche de feuilles, de branches et d'herbes. Ensuite il y entasse de la terre et des pierres, et les jette tout autour, de manière à former un énorme tumulus cratériforme, concave au milieu, endroit où les matières primitivement amassées restent à découvert. L'un de ces nids, dont l'illustre ornithologiste Gould a donné les dimensions exactes, avait 14 pieds de hauteur et offrait une circonférence de 150 pieds. Proportionnellement à la taille de l'Oiseau, une telle montagne a vraiment des dimensions qui tiennent du prodige, et l'on se demande comment, à l'aide de son bec et de ses pattes pour toute pioche et tout moyen de transport, il a pu rassembler tant et tant de matériaux !

Le célèbre tumulus d'Achille et celui de Patrocle ont assurément demandé moins de labeur.

Si l'on cherchait à établir une comparaison entre le travail du Mégapode et celui que pourrait produire un homme, on arriverait réellement à des résultats tout à fait inattendus. La taille comparative de l'animal étant difficile à déterminer à cause de la variété des attitudes, si l'on prend le poids, on reconnaît que le Mégapode, pesant environ un kilogramme, élève parfois son tumulus à plus de trois mètres; or, comme un homme pèse en moyenne une soixantaine de kilogrammes, pour édifier une construction en rapport avec le nid de l'oiseau, il devrait accumuler une montagne de terre qui aurait presque la hauteur de la grande pyramide d'Égypte!

Cependant cette œuvre immense est probablement le résultat du travail d'un certain nombre de couples. Non seulement son ampleur l'indique, mais aussi l'abondance d'œufs qu'on trouve enfouis au milieu des herbes et des feuilles qui y sont entassées. On en compte parfois jusqu'à cent, et même plus, dans chaque tumulus; et, comme ils sont extrêmement gros et d'un goût agréable, la découverte de ces gîtes est toujours une bonne fortune pour les Australiens; aussi s'en emparent-ils aussitôt qu'ils en rencontrent. Mais, comme ils se trouvent enfouis à plus d'un mètre, la conquête en est toujours difficile et demande un long travail. Quand la ponte est terminée, les Mégapodes abandonnent leur chef-d'œuvre et la progéniture qu'il recèle, la Providence leur ayant révélé qu'ils lui sont désormais inutiles.

Fig. 121. — Nid du Mégapode tumulaire dans un site d'Australie (*Megapodius tumulus*, Gould).

Doué d'un merveilleux instinct de chimiste, cet Oiseau n'a rassemblé une telle quantité de substances végétales que pour confier l'incubation de ses œufs à leur fermentation. C'est en effet sur la chaleur que leur fermentation développe, qu'il a compté pour le remplacer : ainsi la mère substitue à ses soins un véritable procédé scientifique.

Réaumur proposait d'abandonner à la chaleur du fumier l'incubation des œufs de nos poules; mais celui-ci les empoi-

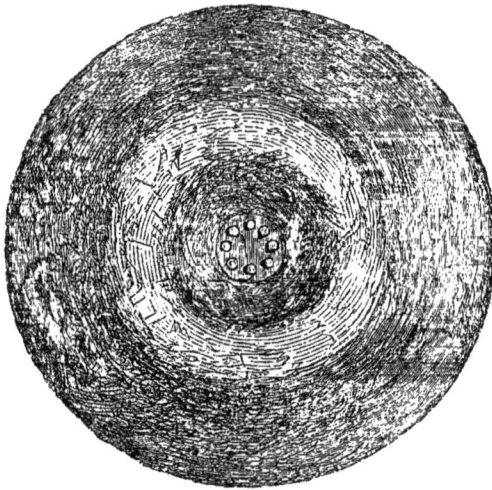

Fig. 122. — Nid de Mégapode tumulaire, vu en dessus.

sonnait par ses vapeurs méphitiques. Le Mégapode, plus judicieux que le célèbre académicien, emploie la fermentation des herbes et des feuilles, ce qui n'a pas le même inconvénient.

Tout est extraordinaire dans l'histoire de cet animal. Au lieu de naître nu ou couvert de duvet, et de sortir de l'œuf incapable de pourvoir à sa subsistance, quand le jeune Mégapode brise sa coquille il est déjà pourvu de plumes propres au vol. A peine libre, il aspire l'air et la lumière, écarte les feuilles qui l'entourent et l'étouffent, monte sur la crête de son tumulus, sèche au soleil ses ailes encore humides et les essaye par quelques battements. Enfin, devenu rapidement confiant en ses forces et en sa fortune, après avoir jeté un regard inquiet et curieux sur la campagne environnante, le faible Oiseau prend son essor dans l'atmosphère et abandonne à jamais, son berceau; il sait voler en naissant!

Un autre Oiseau de l'Australie a les mêmes prévisions instinctives que celui dont nous venons de parler, mais, au lieu d'être terrassier, lui, c'est un rude glaneur. Le Talégalle de Latham, c'est ainsi qu'on le nomme, qui a la taille et l'aspect d'une Poule, confectionne son nid avec de l'herbe qu'il ramasse dans la campagne, et dont il fait un énorme tas, comparable aux mulons que nos faneuses élèvent dans les prairies. Mais ce n'est pas avec son bec qu'il travaille, c'est avec ses pattes. A l'aide de l'une de celles-ci il ramasse une petite botte de foin et l'étreint dans ses doigts; puis il l'apporte au nid, en sautillant à cloche-pied sur l'autre patte. Quand, à la suite de ses incalculables voyages, le tas est devenu assez volumineux, la femelle lui confie ses œufs. Sachant, ainsi que nous, que le foin s'échauffe en séchant, c'est sur sa chaleur qu'elle compte pour l'incubation de sa progéniture, qu'elle abandonne aussitôt après la ponte. Les jeunes Talégalles naissent également couverts de plumes et sont aptes à se nourrir eux-mêmes lorsqu'ils sortent de l'œuf. Aussi, quelques minutes après avoir éparpillé le matelas qui les environne, ils prennent leur vol.

Un petit Rongeur des Alpes Sibériennes, le Lagomys, dont la taille n'atteint pas celle du Lapin, amasse de semblables monceaux de foin, qui ont jusqu'à près de 2 mètres de hauteur et 3 de diamètre. Souvent les Tartares accaparent le fruit de son labeur, pour en nourrir leurs chevaux. On utilisera peut-être un jour les nids des Talégalles, qui sont encore de plus laborieux faneurs.

Fig. 123. — Talégalle de l'Australie (*Talegalla Lathami*), glanant de l'herbe
pour construire son nid. — D'après Gould.

III.

LE TRAVAIL ET LA FAMILLE

Toute la tribu des Roitelets et des Mésanges fait oublier son infime taille par l'ingénieux fini de ses travaux et son amour exquis de la famille : c'est parfois merveilleux à voir.

Parmi ces charmants hôtes de nos buissons on distingue le Troglodyte, qui construit un nid semblable à une petite demeure souterraine; puis la Mésange à longue queue, dont l'habitation globuleuse n'excède pas la grosseur du poing et est composée de mousse et de lichen. La mère n'y accède que par une ouverture excessivement étroite, et y nourrit souvent dix ou douze petits. Il est vraiment inexplicable qu'une si nombreuse famille puisse s'entasser dans une chambrette d'une telle exiguïté. On croirait qu'elle doit s'y étouffer; mais, empilés les uns sur les autres, les jeunes Oiseaux ne s'en réchauffent que mieux, et toute la nichée vit heureuse et pleine de gaieté dans sa couchette aérienne.

Par rapport à l'élégance de sa construction, la Mésange Rémiz étonne encore plus l'observateur. Son nid, suspendu aux branches des arbres, a exactement la forme d'une cornue de chimiste; seulement, au lieu d'être confectionné en aussi dure matière, il n'entre dans sa composition que de la fine mousse et du duvet. L'ouverture en est tissée avec soin : pas une fibre ne dépasse l'autre!

Qui pourrait dire de quelle merveilleuse manière l'oiseau aborde son nid en volant, y entre ou en sort par une ouverture qui semble avoir à peine le diamètre de son corps, et sans jamais en déranger une fibrille!

La hutte de quelques sauvages reste constamment ouverte ;
leur intelligence déshéritée ne leur a pas encore fait inventer
la porte protectrice. Les Araignées sont plus ingénieuses : il

Fig. 124. — Nid de Mésange à longue queue (*Parus caudatus*, Linné).
(Muséum de Rouen.)

en est qui, comme nous l'avons vu, savent s'enfermer dans
leur souterrain, avec une porte habilement ouvrée ; quelques
Oiseaux prennent des précautions analogues.

Dans son ouvrage sur les Oiseaux de l'Inde, M. Jerdon rapporte le curieux manège de certaines espèces du genre Homrains, dont les mâles ont l'habitude, à l'époque de la ponte, d'emprisonner la femelle dans son nid. Ils en ferment l'entrée au

Fig. 125. — Nid de Mésange Rémiz (*Parus pendulinus*, Latham).
(Muséum de Rouen.)

moyen d'un épais mur de boue, qui n'offre qu'un petit trou, par lequel la couveuse respire et peut seulement passer le bec pour recevoir ses aliments. C'est par ce trou, en effet, que son trop sévère époux lui en apporte à chaque instant quelque becquée; car il faut dire, à sa louange, que, s'il est assez barbare pour la cloîtrer, il la nourrit avec une extrême tendresse. Cette reclusion forcée ne cesse qu'au moment où se termine l'incubation; alors le couple brise les portes de la prison.

Fig. 126. — Nid de Mésange du Cap. — D'après Sonnerat.

Dans son voyage aux Indes, Sonnerat parle d'une Mésange du Cap dont le nid, en forme de bouteille et fait en coton, mérite d'être signalé. Quand la femelle couve à l'intérieur, le mâle, vraie sentinelle vigilante, reste au dehors, couché dans une poche spéciale, ajoutée à l'un des côtés du goulot.

Mais, lorsque sa compagne s'éloigne et qu'il veut la suivre, à
l'aide de son aile il bat violemment l'orifice du nid, et parvient
à l'obstruer, pour protéger sa progéniture contre ses ennemis.

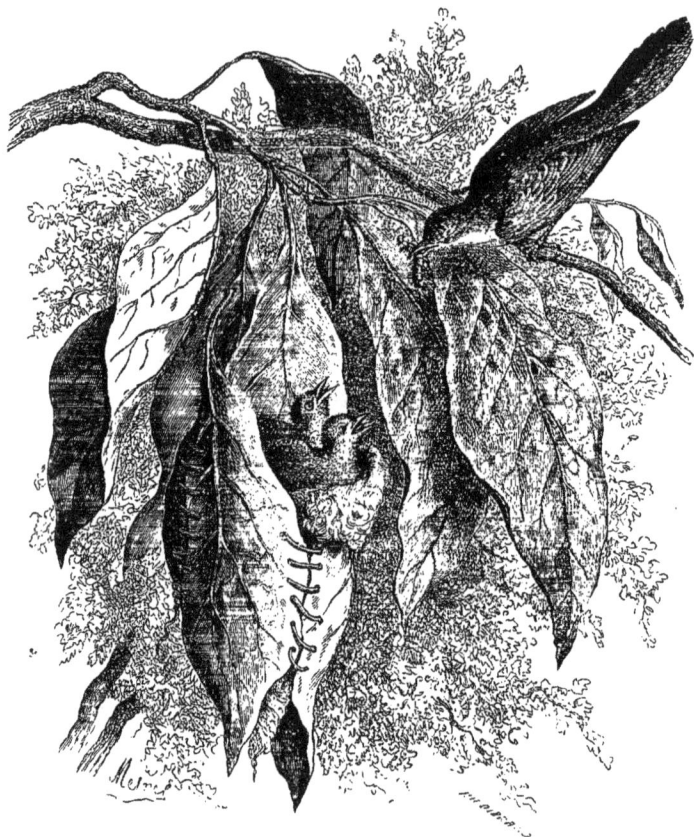

Fig. 127. — Nid de Fauvette couturière (*Sylvia sutoria*, Latham). (Muséum de Londres.)
(Voyez p. 237.)

En fait de construction ingénieuse suscitée par l'amour de
la famille et du travail, il n'en est pas qu'on puisse comparer à
l'œuvre du Républicain. Ce petit Oiseau du Cap, qui est de la
taille de nos moineaux, auxquels il ressemble absolument, vit
en sociétés nombreuses, dont tous les membres se réunissent

pour former une immense cité, ayant l'apparence d'une charpente circulaire, qui entoure le tronc de quelque grand végétal.
On y compte parfois plus de trois cents cellules, ce qui indique

Fig. 128. — Nid du Loriot jaune (*Oriolus galbula*, Linné). (Muséum de Rouen.)
(Voyez p. 257.)

qu'elle est habitée par plus de six cents Oiseaux. Ce nid est
tellement pesant, que Levaillant, qui en recueillit un durant
son voyage en Afrique, fut obligé d'employer une voiture et
plusieurs hommes pour le transporter. Quand, de loin, on
en aperçoit dans la campagne, on croit voir de grands toits

Fig. 129. — Phalanstères de Républicains d'Afrique (*Loria socia*, Latham).

suspendus au tronc des arbres qui s'y trouvent disséminés et sur lesquels se jouent une multitude d'Oiseaux.

Nous avons dit que, parmi la gent ailée, on trouvait des spécimens de presque toutes les professions. On ne s'attendait guère à y rencontrer de véritables couturières, car le bec des oiseaux paraît assez impropre aux travaux à l'aiguille, et cependant quelques-uns de ces animaux en produisent d'absolument analogues à ceux-ci.

Je n'entends nullement parler ici des Tisserins, dont les nids en herbes fines, connus de tout le monde, représentent un lacis inextricable, mais de la Fauvette couturière, charmante espèce exotique, qui prend deux feuilles d'arbre très allongées, lancéolées, et en coud exactement les bords en surjet, à l'aide d'un brin d'herbe flexible, en guise de fil. Après cela, la femelle remplit de coton l'espèce de petit sac que forment ces feuilles, et dépose sa gentille progéniture sur ce lit moelleux, que berce doucement le plus léger souffle de vent.

Ce nid, qui est extrêmement rare, mais dont j'ai vu quelques spécimens au musée Britannique, est un véritable chef-d'œuvre d'intelligence.

Le Loriot de nos climats produit un travail analogue. Son nid ressemble à une coupe circulaire, et il est formé d'un lacis d'herbes finement entrelacées. L'Oiseau le suspend constamment sous la bifurcation de deux branches d'arbre. Il choisit à cet effet celles qui sont étendues horizontalement, et il y coud toujours sa demeure aérienne à l'aide d'un surjet exécuté non pas avec de l'herbe, mais avec quelques bouts de corde ou de fil de coton, qu'il a volés dans une fabrique ou une habitation voisine : aussi se demande-t-on parfois comment il faisait avant que l'industrie inventât la ficelle ou la filature!

LES PARESSEUX ET LES ASSASSINS

Il semble que chez l'Oiseau l'activité et l'intelligence soient en raison inverse de la taille : les paresseux et les brigands de l'air appartiennent généralement aux plus robustes tribus.

Le Troglodyte couve amoureusement sa charmante petite famille sous un dôme de mousse et de duvet, construit avec une délicate intelligence, et ordinairement abrité par le rebord de nos toitures; c'est une véritable sphère matelassée, dont la mère ose à peine sortir, tant elle affectionne sa couvée.

L'Autruche, vivant emblème de l'indolence unie à la force, ne se donne pas la peine de construire un nid. Après avoir simplement éparpillé le sable à l'aide de ses pattes, elle dépose ses œufs sur l'arène, et abandonne à l'ardent soleil du désert le soin de leur incubation. Ce n'est que durant les nuits froides et humides qu'elle vient les réchauffer. Et encore, comme si cet effort maternel surpassait leur tendresse, on voit les femelles se partager le soin d'une maternité douteuse, car il paraît avéré que plusieurs Autruches entremêlent leurs œufs dans la même excavation de sable. Levaillant, s'étant blotti toute une nuit dans un buisson pour y observer les manœuvres de ces Oiseaux, vit quatre femelles se rendre sur le même tas d'œufs; « elles se relevaient, dit ce voyageur, l'une après l'autre ». Le mâle est également appelé à suppléer à l'indolence de sa compagne; il couve aussi : c'est une nourrice d'un autre sexe.

Les Ducs et les Hiboux ne se préoccupent guère plus de leur nidification. Presque tous ces nocturnes paresseux déposent simplement leurs œufs sur la poussière que le temps

accumule dans les anfractuosités des rochers ou des cavernes ;
d'autres s'installent dans les églises ou les châteaux en ruine ;
quelques-uns se contentent des trous qu'offrent les troncs ca-

Fig. 130. — Nid de Troglodyte d'Europe (*Troglodytes Europæus*, Cuvier).
(Muséum de Rouen.)

riés des arbres séculaires. Un peu moins nonchalante, l'Effraie,
avant de pondre, tapisse d'un mince matelas de mousse la
pierre nue de l'obscur souterrain dans le fond duquel elle
élève une couvée qui craint tant la lumière.

Les Oiseaux de la tribu des Cailles, des Perdrix et des Poules sont tous très maladroits ouvriers, se contentant d'étaler leurs couvées sur la plus misérable litière ou même sur le sol le plus aride. Les belles Colombes, elles-mêmes, ne prennent

Fig. 131. — Nid de Chouette Effraie (*Strix flammea*, Linné).
(Muséum de Rouen.)

guère plus de soin de leur progéniture. Leurs nids, négligemment suspendus sur les branches des arbres, ne sont formés que par une mince nappe de brindilles très espacées : véritable claie en désordre, sans mousse et sans duvet, sur laquelle l'œuf, aéré de tous côtés, semble à tout instant menacé de choir.

Fig. 132. — Nid d'Autour (*Astur palumbarius*, Bonaparte). (Muséum de Rouen.)

C'est l'œuvre d'une imprévoyante beauté, dont la couche paraît plutôt devoir glacer que réchauffer la jeune famille.

On trouve plus d'ampleur, mais pas beaucoup plus d'intelligence, dans les constructions des grands carnassiers, tels que les Aigles, les Autours et les Faucons, ces dominateurs de l'air. Farouches et solitaires, les premiers suspendent leur nid au milieu des plus horribles précipices, sans s'effrayer ni du mugissement des cataractes, ni du fracas des avalanches. La masse de l'œuvre et le poids des matériaux sont proportionnés à la force de l'architecte. L'aire de l'Aigle n'est qu'un amas de grosses branches d'arbres, véritable fagot enchevêtré et formant un épais et rustique matelas de trois à cinq mètres de circonférence. Ce nid sert souvent toute la vie au couple qui l'a édifié, mais ses proportions augmentent avec le temps, parce que tout autour s'entassent les ossements de tous les animaux apportés par les parents et dévorés par la famille affamée; de manière qu'à un moment donné l'aire de ces Rapaces n'est plus qu'un infect charnier.

Les constructions de l'Autour ont un moindre développement; il y emploie de simples petites bûchettes; cependant son nid offre encore plus d'un mètre de circonférence.

Quelques-uns de nos paresseux, ne voulant absolument rien faire, deviennent de simples voleurs. D'autres, plus courageux, sont de véritables brigands, attaquant de front l'ennemi qu'ils veulent dévorer, et jetant leur victime par la fenêtre pour envahir son domicile.

A cette légion appartiennent les voraces Pies-Grièches de nos bois, qui tuent tant de petits Oiseaux, dont on les voit enfiler les cadavres sur les épines des buissons.

Au nombre des plus obstinés voleurs il faut peut-être citer nos Moineaux. Linné et Gmelin racontent comme un fait avéré qu'avant le retour des Hirondelles, l'un de ceux-ci s'empare parfois du domicile abandonné par les voyageuses. Il s'y installe, et, lorsque reviennent les légitimes propriétaires, il menace de les écharper avec son robuste bec. Les Hiron-

delles spoliées appellent à leur secours leurs compagnes des
environs. Alors commence le siège de la place; les unes
harcèlent l'ennemi, qui n'ose plus trop sortir, tandis que les
autres s'occupent à murer la porte avec force becquetées de
terre: et bientôt l'usurpateur, étroitement emprisonné dans le
nid qu'il a envahi, y périt de besoin.

Mais, de tous ces spoliateurs ailés, le plus cruel est le Coucou. Voici son histoire.

Ce paresseux et sauvage habitant de nos forêts ne veut ni
édifier de nid, ni couver ses œufs, ni nourrir ses petits. Par
ruse il transmet ce fatal soin à d'autres Oiseaux, et c'est constamment aux espèces de la moindre taille qu'il impose la
besogne dont il se délivre.

Les plus illustres naturalistes de l'antiquité et des temps
modernes, tels qu'Aristote, Pline et Linné, avaient déjà reconnu
que le Coucou s'empare d'un nid étranger, dont les légitimes
possesseurs sont sacrifiés au profit de la progéniture de l'envahisseur. Mais ce n'est que récemment que ces odieuses
menées ont été exactement dévoilées.

La nature, avare à l'égard du Coucou, ne lui a accordé que
deux œufs. Cependant on reconnaît là une sage prévoyance,
car, pour élever ses deux petits, un bon nombre d'autres sont
barbarement massacrés.

C'est le nid d'un Roitelet ou d'un Troglodyte que cet Oiseau
choisit pour l'accomplissement de ses desseins, et il n'y place
qu'un seul de ses œufs.

Déjà s'offre ici un curieux problème à résoudre. Les nids
de ces charmants hôtes de nos bocages sont si exigus, qu'un
Oiseau de la taille du Coucou ne pourrait ni y entrer, ni s'y
poser pour pondre; comment donc y introduit-il sa progéniture? Levaillant désespérait de pouvoir pénétrer ce mystère,
lorsque le hasard lui en fournit l'occasion. Le célèbre voyageur,
en tuant une femelle de Coucou doré, en Afrique, trouva dans
sa gorge un œuf entier, qu'il reconnut pour être celui de l'Oiseau; et son nègre lui assura que souvent, en tuant de sem-

blables Coucous au vol, il avait vu des œufs tomber de leur bec.

Un savant modeste, Florent Prevost, auquel on doit tant de curieuses observations, a reconnu que la même chose se

Fig. 153. — Coucou massacrant des Roitelets.

passait à l'égard de notre Coucou commun. Il a vu que la femelle pondait son œuf sur le sol, et qu'ensuite elle le prenait avec son bec, le plaçait dans sa gorge et allait le déposer dans le nid de l'espèce insectivore dont elle a fait choix.

Pline raconte au long que, lorsque le jeune Coucou est

éclos au milieu de la petite famille de la Mésange, celle-ci, par un sentiment de vanité maternelle, en le voyant si fort et si beau, sacrifie tous ses autres petits, et les lui laisse dévorer sous ses yeux, jusqu'au moment où elle-même devient sa pâture.

Telle est la fiction; abandonnons-la pour la réalité, non moins extraordinaire, et qui nous fut révélée par un homme d'immortelle mémoire, Jenner, l'inventeur de la vaccine.

Ce n'est pas la mère qui se charge de l'assassinat, mais le petit Coucou. Voici comment le grand médecin raconte le fait dans les *Transactions philosophiques* : « Le jeune Coucou, peu d'heures après sa naissance, en s'aidant de son croupion et de ses ailes, tâche de se glisser sous l'un des petits Oiseaux dont il partage le berceau et de le placer sur son dos, où il le retient en élevant ses ailes. Alors il se traîne à reculons sur les bords de son nid, s'y relève un instant; puis, faisant un effort, jette sa charge hors de ce nid. Après cette opération, il s'arrête quelques moments, comme pour s'assurer du succès de son entreprise. »

Le spoliateur déploie une affreuse persistance dans l'accomplissement de son œuvre de destruction, il y travaille d'une manière incessante, et jette successivement hors du berceau tout ce qui s'y trouve. Le colonel Montagu vit un jeune Coucou expulser pendant quatre jours, avec une infatigable persévérance, une Hirondelle nouvellement éclose qu'il avait soin de replacer chaque fois à ses côtés. Après ce temps écoulé, il vécut en parfait accord avec sa petite compagne.

Or, comme la couvée de chaque Troglodyte ou de chaque Roitelet se compose d'une dizaine de petits, il en résulte que, pour élever sa progéniture, le Coucou sacrifie annuellement une vingtaine de jeunes Oiseaux. Voici pourquoi le Coucou s'est attiré l'animadversion générale et, à juste raison, est devenu en Allemagne le symbole de l'ingratitude.

D'après les auteurs du *Dictionnaire général des sciences*, la femelle du Coucou se chargerait parfois elle-même de massacrer les petits déjà éclos, au moment où elle va déposer son œuf dans les nids.

V

L'amour maternel, nous l'avons vu, opère des prodiges et ne néglige rien pour le bien-être et la protection de la famille. Ici ce sont des Oiseaux qui sacrifient simplement au luxe et aux plaisirs, et, au lieu de nids ingénieux, édifient d'élégants bosquets de plaisance, destinés à la simple promenade, aux tendres ébats, aux rendez-vous d'amour.

Le plus habile de ces faiseurs de charmilles, véritable Le Nôtre de l'ornithologie, est le Chlamydère tacheté, qui ressemble beaucoup à notre perdrix. Cependant il s'en distingue, à première vue, par son plumage foncé relevé de gouttes claires, et par son cou orné d'un gracieux collet rose.

Le couple procède par ordre à l'édification d'un bosquet. C'est ordinairement dans un lieu découvert qu'il le place, pour mieux jouir du soleil et de la lumière. Son premier soin est de faire une chaussée de cailloux arrondis, d'un volume à peu près égal; et, quand la surface et l'épaisseur de celle-ci lui semblent assez considérables, il commence par y planter une petite avenue de branches. On le voit, à cet effet, rapporter de la campagne de fines pousses d'arbres, à peu près de la même taille, qu'il enfonce solidement, par le gros bout, dans les interstices des cailloux. Ces Oiseaux disposent ces branches sur deux rangées parallèles, en les faisant toutes converger l'une vers l'autre, de manière à représenter une charmille en miniature. Cette plantation improvisée a presque un mètre de long, et sa largeur est telle, que les deux amants peuvent se jouer ou se promener de face sous la protection de son ombrage.

Aussitôt que le bosquet est achevé, le couple amoureux songe à l'embellir. A cet effet il erre de tous côtés dans la contrée, et butine chaque objet brillant qu'il y rencontre, afin d'en décorer l'entrée. Les coquilles à nacre resplendissante sont surtout l'objet de sa convoitise; aussi les issues de la charmille en sont-elles pourvues d'une épaisse couche miroitante.

Si ces collectionneurs d'un nouveau genre trouvent dans la campagne de belles plumes d'oiseau, ils les recueillent et les suspendent, en guise de fleurs, aux ramilles fanées de leurs résidences. On est certain qu'aux environs de celles-ci tout objet vivement coloré ou éclatant dont le sol est accidentellement paré en est immédiatement enlevé. Gould me racontait même que dans les sites où ces oiseaux édifient, si quelque voyageur perd sa montre, son couteau, son cachet, il est inutile de les chercher sur le lieu où ils sont tombés : ils ont été emportés par les Chlamydères du canton, et on les retrouve toujours dans la plus voisine de leurs promenades.

La découverte de ce bosquet d'amour étant un fait ornithologique absolument inattendu, Gould craignit qu'en Europe sa narration ne fût suspectée : il voulut y joindre des pièces à l'appui. A cet effet, ayant enlevé du sol une de ces promenades extraordinaires, à l'aide de soins infinis, il parvint à la transporter au Bristish Museum, où l'on peut l'admirer aujourd'hui.

Lorsque l'on connut le travail, on voulut essayer l'ouvrier. L'un de ces champêtres architectes fut apporté vivant au Jardin zoologique de Londres. On l'avait mis dans une grande salle, environné de tous les matériaux nécessaires à ses constructions; mais le pauvre Oiseau n'a fait là que de bien mauvaise besogne : l'air et le soleil de la patrie lui manquaient, et surtout la présence d'une compagne : le courage s'était énervé. C'était à peine, lorsque je le vis, s'il avait commencé à planter irrégulièrement quelques branchages dans un tas de pierres et de terre qu'il avait rassemblées.

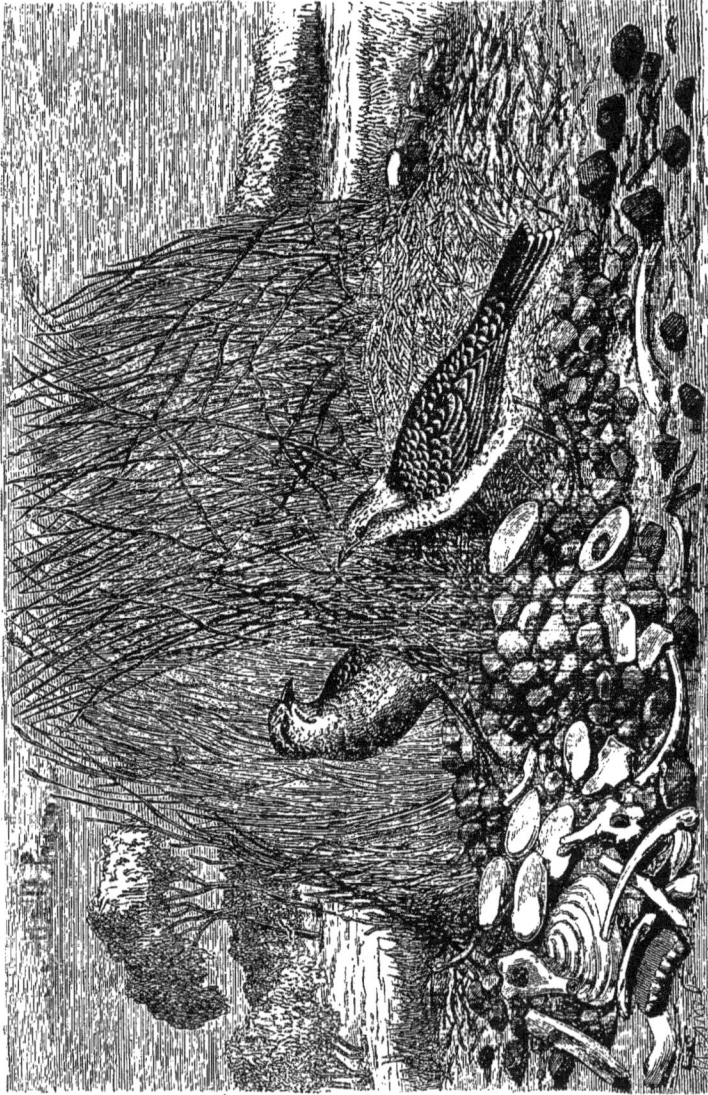

Fig. 134. — Bosquet nuptial du Chlamydère tacheté (*Chlamydera maculata*). — D'après Gould.

VI

L'ARCHITECTURE NAVALE

On a raconté bien des choses inexactes au sujet des constructions navales de certains Oiseaux. La fiction a détrôné la vérité, et celle-ci cependant est infiniment plus intéressante que les contes qu'on lui a substitués.

Un des plus robustes habitants de nos marécages, la Poule d'eau, nous surprend par la forme et l'élégance de ses nids, qu'elle place tantôt sur leurs bords, et tantôt à la surface de l'eau. Là ce sont autant de petits autels élevés au-dessus du sol et couronnés par une tonnelle de roseaux, dont les feuilles recourbées forment une élégante petite voûte de verdure au-dessus de la couvée; ailleurs ils sont au bord des eaux, totalement dérobés aux regards, avec un chemin d'accès comme on n'en rencontre dans aucun autre nid; celui-ci est formé d'une longue traînée de fragments de roseaux, qui descend dans l'eau, et sert à la femelle pour monter dans sa couche, quand elle y arrive à la nage.

On a souvent répété dans les vieux ouvrages d'histoire naturelle que la Fauvette des roseaux fixait à ceux-ci son nid d'herbes entrelacées, et que l'élégant berceau, portant la jeune famille, flottait à la surface de nos rivières, montant ou descendant le long de ses supports, en suivant les mouvements de l'eau, et toujours surnageant, pour sauver la couvée du naufrage.

Le nid de cette Fauvette offre une structure ingénieuse, mais tout se borne là. Il est formé d'herbes enchevêtrées et se trouve presque constamment fixé vers le haut de trois tiges de roseaux à balais. C'est là que la gracieuse petite femelle couve en sécurité ses œufs. Mais son gîte ne peut ni monter ni descendre sur le trio de plantes qu'il lie étroitement; et, s'il le pouvait, il ne flotterait même pas : l'eau submergerait la pauvre couvée. C'est une erreur à rectifier.

Les auteurs anciens, poètes et historiens, ont souvent célébré d'autres nids flottants : c'étaient ceux de l'Alcyon, qui se plai-

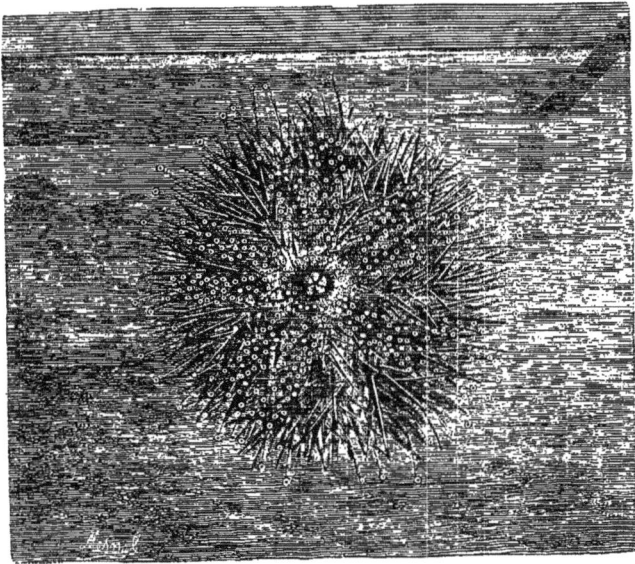

Fig. 155. — Oursin comestible de nos rivages. (Voy. p. 25?.

sait au milieu des vagues et se berçait au-dessus d'elles en leur confiant sa couche et sa couvée. Dans leurs fables charmantes ils racontaient que c'était vers l'époque du coucher des Pléiades que l'oiseau des orages les construisait. Alors cessait le murmure des flots, et les vents se taisaient pour que l'œuvre de Dieu pût s'accomplir sur une mer tranquille. C'étaient même ces belles journées, qui se manifestent fréquemment en Orient vers le solstice d'hiver, que le nocher appelait les *jours de l'Alcyon*.

Fig. 136. — Nid de Poule d'eau (*Fulica chloropus*, Linné). (Muséum de Rouen.)

« Ces nids sont admirables, dit Pline ; ils ont la figure d'une boule et ressemblent à de grandes éponges. On ne peut les couper avec le fer, mais un choc violent les brise. » Plutarque croyait qu'ils n'étaient composés que d'os de poissons entrelacés. Mais il paraît que ce philosophe avait pris pour des nids d'Alcyon des carapaces d'Oursins, que les flots apportent souvent sur les rivages.

S'il est bien reconnu aujourd'hui que l'Alcyon de l'antiquité, qui n'est autre que notre Martin-Pêcheur, ne confie point de nids flottants au calme de la mer, les ornithologistes ardents qui étudient les mœurs des habitants de nos marécages ont découvert quelques espèces dont la merveilleuse nidification surpasse encore le mythe célèbre.

Telle est celle du Grèbe castagneux[1]. Ce Palmipède couve sa progéniture sur un véritable radeau, qui vogue à la surface de nos étangs. C'est un amas de grosses tiges d'herbes aquatiques, très serrées ; et, comme celles-ci contiennent une notable quantité d'air dans leurs amples et nombreuses cellules, et qu'en outre elles dégagent divers gaz en se putréfiant, ces fluides aériformes, emprisonnés par les plantes, rendent le nid plus léger que l'eau. On le trouve flottant à sa surface dans les sites solitaires peuplés de scirpes, de joncs élevés et de grands roseaux. Là, dans ce navire improvisé, la femelle, sur son lit humide, réchauffe silencieusement sa progéniture. Mais, si quelque importun vient à la découvrir, si quelque chose menace sa sécurité, l'Oiseau sauvage plonge une de ses pattes dans l'onde et s'en sert comme d'une rame, pour transporter sa demeure au loin. Le petit batelier conduit son frêle esquif où il lui plaît ; entraînant souvent, tout autour, une grande nappe d'herbes aquatiques, il semble une petite île

---

1. Tous les détails rapportés ici sur le Grèbe castagneux m'ont été fournis par M. Nourry, directeur du Muséum d'histoire naturelle d'Elbeuf. Et le dessin qui représente les nids de cet Oiseau a même été exécuté par cet ornithologiste distingué, qui souvent vit au milieu des forêts pour y surprendre les mœurs des Oiseaux.

flottante emportée par le labeur du Grèbe, qui s'agite au centre d'un amas de verdure.

Ainsi la vérité est plus extraordinaire que la fiction.

Fig. 137. — Nid de fauvette rousserole (*Motacilla arundinacea*, Gmelin).
(Muséum de Rouen.)

VII

LES MINEURS ET LES MAÇONS

Tous les voyageurs qui abordent les rivages des mers australes sont frappés de l'aspect des innombrables bandes de Manchote qui les animent.

Oiseaux par le fond de l'organisation, par les mœurs, ce sont de véritables Poissons. Leurs ailes, transformées en nageoires, les rendent inhabiles au vol, et leurs pattes ne sont propres qu'à la natation. Aussi, ne pouvant ni s'élever dans l'air, ni se dérober par la course, quand ils veulent fuir leurs agresseurs, ils trébuchent et tombent à chaque pas sur la terre. Les marins comptent sur leurs chutes pour les assommer, et ils en font souvent un énorme carnage. Mais la scène change aussitôt que les Manchots ont gagné l'eau, leur élément de prédilection. Ils s'y précipitent du haut de rochers qui s'élèvent de quatre à cinq mètres au-dessus des flots, et, arrivés dans la mer, plongent et nagent avec une prestesse qui nargue les gros Poissons, et fait le désespoir des petits, leur pâture habituelle.

Assis sur leur queue, et toujours debout sur les plages, ces Oiseaux éparpillés en bandes immobiles, par leur ventre blanc et leur capuchon et leur manteau noirs, rappellent le costume de certaines corporations religieuses, ce qui les fait comparer par tous les marins à des processions de pénitents.

Grands nageurs, mais mauvais marcheurs, les Manchots n pouvant nidifier ni dans les arbres ni dans les terres, il leur a fallu s'accommoder du rivage. Trop bornés pour tisser un nid, ils se contentent de creuser un trou dans le sol : ce sont de simples mineurs.

C'est ordinairement sur les îlots déserts et couverts d'herbes que ces animaux établissent leur demeure souterraine. Ils la creusent à l'aide de leur bec et de leurs pattes, à fleur du sol, et lui donnent souvent jusqu'à un mètre de profondeur. L'intérieur, par sa forme, rappelle un four, et l'entrée, étroite et surbaissée, en représente la gueule. De toutes les cavernes partent de véritables chemins dérobés, tracés au milieu des hautes herbes et recouverts de leurs cimes. C'est par ces routes tortueuses et ombragées que les Oiseaux se rendent de leurs nids au rivage.

Ces travaux souterrains sont si multipliés dans certains parages, qu'il arrive souvent aux marins d'y trébucher en marchant. Le Manchot, troublé par cet envahissement inattendu, se jette sur l'imprudent qui défonce sa demeure, et souvent la jambe du visiteur ne s'en retire qu'après avoir eu à subir de rudes coups de bec, de vives blessures. Plus d'un pantalon de matelot y abandonna quelque portion de son étoffe.

La tribu des Maçons est fort nombreuse, et ces architectes ailés emploient pour leurs constructions des matériaux assez variés. Beaucoup, ainsi que faisaient les anciens Germains, ne construisent leur demeure qu'avec de la terre ou de l'argile. D'autres emploient des végétaux, après les avoir gâchés comme une sorte de mortier ou de mastic.

Le plus robuste mais en même temps le plus maladroit de toute notre lignée de maçons est le Flamant, auquel nous pardonnons ses rustiques constructions en faveur de son resplendissant plumage lavé de rose et de rouge éclatant. Ce grand Échassier, dont les troupes flamboyantes se plaisent sur tous les rivages des contrées chaudes, construit ordinairement ses nids non loin de la mer, et leur donne une disposition toute particulière, car ses jambes, démesurément longues, n'auraient pu s'accommoder à la nidification normale.

Les Flamants placent leurs nids sur le sol, et ne les édifient qu'avec de la vase grossièrement gâchée. Ceux-ci ont la forme d'un cône étroit, allongé, d'une hauteur d'environ un demi-

Fig. 133. — Nids de Grèbe castagneux (*Colymbus minor*, Gmelin). — D'après le dessin
original de M. Noury.

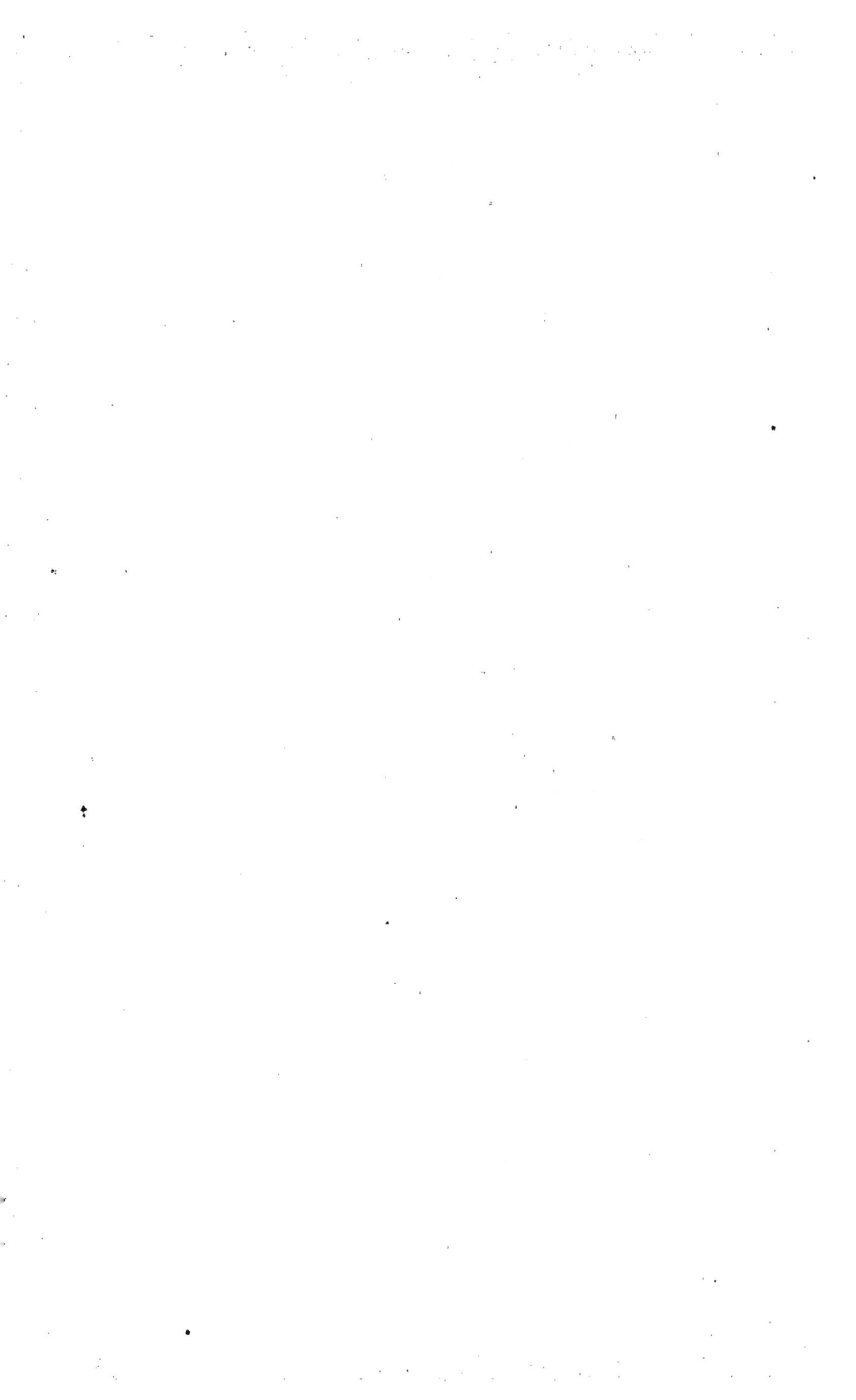

.mètre, et dont le sommet tronqué offre une concavité au fond
de laquelle la femelle dépose deux ou trois œufs blancs. Pour
les couver, elle pose son ventre dessus et laisse ses jambes
pendre des deux côtés du cône élevé que forme sa construction.

Nos passagères Hirondelles sont déjà de plus habiles ouvrières
que les Flamants. Les chambrettes nuptiales qu'elles constrni-
sent sous la corniche de nos fenêtres ou dans les ogives gothiques

Fig. 139. — Nids comestibles de la Salangane (*Hirundo esculenta*, Latham).

des églises ne sont maçonnées qu'avec de la terre pure, qu'elles
vont chercher, becquée par becquée, sur la berge de nos fleuves,...
en combien de voyages?...

Les Hirondelles Salanganes, qui habitent la Chine et les îles
qui l'avoisinent, façonnent des nids qui ressemblent à autant
de petits bénitiers, qu'elles accolent par milliers sur les rochers
inaccessibles ou dans les sombres cavernes, comme pour y dérober leurs chastes amours à tous les regards.

Ces nids sont formés d'une substance d'un blanc sale, absolument analogue, en apparence, à de la colle de poisson réduite en filaments agglutinés les uns aux autres; étrange aspect qui leur fit attribuer les plus diverses origines.

Ils semblaient si, drôles à Kæmpfer, qu'il n'y voulait pas croire; le célèbre explorateur du Japon prétendait même qu'on les fabriquait de toutes pièces avec de la chair de divers Polypes.

M. Poivre, qui au titre de gouverneur de l'Ile de France en réunissait un autre, dont il tira beaucoup plus de renommée, celui de savant distingué, éclaira le premier l'histoire des Salanganes, et recueillit de sa propre main quelques-unes de leurs constructions; mais il se trompa en prétendant que ces Hirondelles les édifiaient avec du frai de poisson, opinion ayant eu longtemps cours.

Ce fut Lamouroux qui, pour la première fois, en 1821, nous donna d'exactes notions sur la composition de ces nids extraordinaires. Il reconnut que les Oiseaux les construisaient avec diverses plantes marines qu'ils récoltaient dans les flots, et appartenant surtout aux genres *Gelidium* et *Sphærococcus*. En rasant les vagues, les Hirondelles les enlèvent à leur surface, les avalent et les rejettent ensuite mêlées à leurs sucs digestifs, ce qui les rend glutineuses, et facilite l'édification du gite maternel.

La récolte de ces nids est dangereuse, parce que les Salanganes les placent souvent au fond de cavernes inabordables, dans lesquelles il faut se laisser glisser avec des cordes, ou descendre à l'aide de longues échelles de bambou. Les Chinois qui font l'état de les recueillir n'y procèdent souvent qu'après s'être attiré la protection des dieux par quelques sacrifices préliminaires, et en parfumant l'entrée des précipices avec du benjoin ou d'autres substances odoriférantes.

Les nids de Salanganes ont acquis une grande célébrité à cause de l'usage que l'on en fait en Chine pour l'alimentation. Là ces nids sont l'indispensable ornement de tout repas de luxe;

Fig. 140. — Nids de Flamants rouges (*Phœnicopterus ruber*, Cuvier.)

leur prix est fort élevé, aussi les particuliers qui possèdent des cavernes fréquentées par les Salanganes en tirent-ils des revenus considérables. Dans le potage, hachés en petits fragments, ils remplacent le riz ou le tapioca; leur goût a la plus grande analogie avec ce dernier[1].

Mais le plus charmant de tous nos maçons aériens est assurément le Roitelet omnicolore, couronné de sa brillante huppe d'or. Ses nids ressemblent à autant d'éteignoirs renversés, que l'on aurait collés, par le côté, sur des tiges de roseau. Ces véritables petites coupes à couver ne sont composées que de brins d'herbe agglutinés à l'aide de boue et de salive, pour en former une mince muraille presque aussi résistante que du carton. C'est un passage aux nids des Salanganes.

Il y a aussi des ouvriers qui emploient des matériaux mixtes; on ne sait où les classer. Le Mauvis est dans ce cas. Au dehors, son beau nid est entièrement formé de touffes de mousse moelleusement éparpillée, et à l'intérieur il se trouve lambrissé d'une muraille de terre compacte, sur laquelle la couvée repose à nu, comme si les parents redoutaient pour elle la chaleur de l'édredon. Cet Oiseau n'est donc qu'à moitié maçon; et son nid est une vraie anomalie architecturale au milieu de sa classe, où les parents déposent ordinairement leur progéniture sur un matelas moelleux et chaud, tandis que lui les place sur un corps froid et absolument dénudé.

Nous avons vu, au commencement de ce chapitre, un Palmipède qui se creuse sous le sol une espèce de four, dans lequel a lieu l'incubation. Un Passereau de l'Amérique est plus ingénieux, il le construit; c'est un véritable maçon, aussi lui a-t-on tout naturellement donné le nom de *Fournier*. C'est un plus robuste ouvrier que les Hirondelles. On s'étonne du nombre

1. Il y a peu d'années, ces nids comestibles tant recherchés étaient, après le ginseng, l'article le plus cher du commerce de l'empire chinois, où il s'en consommait annuellement quatre millions. Un propriétaire d'une caverne placée près d'un volcan de Java en extrayait chaque saison pour plus de cinquante mille florins de Hollande.

de voyages qu'il doit faire pour porter au haut des arbres
la terre gâchée, presque pure, qui compose sa demeure de
famille.

Le Fournier est de la taille d'une Caille. Ses nids hémisphé-

Fig. 141. — Nid de Merle mauvis (*Turdus iliacus*, Linné). (Muséum de Rouen.)

riques, placés à la bifurcation des grosses branches d'arbres, ont
plus de vingt centimètres de diamètre; il pèse de deux grammes
à deux grammes et demi. Si cette construction n'est point comparable, pour l'ampleur du travail, à celle du Mégapode, elle est
cependant remarquable par sa maçonnerie serrée et son

Fig. 142. — Nids du Roitelet omnicolore (*Regulus omnicolor*, Vieillot).
(Muséum de Rouen)

ouverture exactement analogue à la gueule d'un four de boulanger. Un de ces spécimens d'architecture, que possède le Muséum de Rouen, fidèlement représenté ici, semble justifier le nom que porte l'ouvrier.

Fig. 145. — Nid de Fournier (*Furnarius rufus*, Vieillot). (Muséum de Rouen.)

Le prince Ch. Bonaparte a fait connaître une charmante et curieuse Chouette, qu'on doit placer aussi dans la catégorie qui nous occupe. C'est un enfant révolté, dédaignant toutes les traditions de famille, et qui, malgré sa nocturne livrée de

Hibou, déserte les vieilles ruines et l'obscurité des cavernes, et
ne chasse qu'au grand jour, à la vive lumière qui aveuglerait
tous ses camarades.

Cette espèce pullule sur le territoire du Mississipi, où elle
s'abrite dans des souterrains de plusieurs mètres de profondeur,
dont l'entrée est surmontée d'un tumulus de terre. On l'appelle
Chouette mineur; mais cependant elle ne mérite pas strictement
ce nom, car c'est souvent une simple spoliatrice, qui s'installe
dans les villages d'une sorte de Marmotte du pays, qu'elle en
chasse probablement. Ce qu'il y a de certain, d'après l'illustre
ornithologiste, c'est que les deux animaux n'habitent point
ordinairement ensemble; seulement, dans un danger commun,
la Marmotte et l'Oiseau se blottissent au fond du même souterrain, où parfois on les trouve environnés d'hôtes les plus
inattendus, au milieu d'une compagnie de Crapauds, de Serpents
à sonnettes et de Lézards!

VIII

Beaucoup d'Oiseaux confectionnent pour leurs nids une sorte
de canevas composé d'herbes enchevêtrées d'une manière fort
serrée, ressemblant à un tissu grossier, sortant du métier de
quelque peuplade primitive. Ce sont de véritables Tisserands,
ouvrant des fibres végétales en guise de laine ou de coton, et
n'ayant pour tout métier que leur bec, qui leur sert d'aiguille,
et qu'ils emploient avec une extrême agilité pour entre-croiser
les fines tiges des graminées et en former une sorte de réseau
épais et fort difficile à déchirer. L'œuvre, malgré sa complication, se trouve confectionnée très rapidement, l'ouvrier
passant et repassant son bec avec une extrême prestesse dans
son tissu, pour en nouer toutes les mailles serrées et inextri-
cables. On ne se lasse pas à contempler toute l'habileté qu'il
y déploie.

Ces travailleurs ailés confectionnent diverses sortes d'habitations. Les unes consistent en des espèces de bourses, ayant
à l'intérieur de petits paniers accolés à leurs parois, et dans
lesquels la femelle place sa couvée pour l'empêcher de choir.
Souvent alors l'entrée du nid, ainsi que cela a lieu pour celui
de quelques Troupiales, est située à sa partie inférieure, qui
représente une sorte de canal béant, quelquefois fort long, et
par lequel les époux entrent et sortent de leur demeure de
famille. D'autres sont simplement de longs et grands sacs à
une ou plusieurs ouvertures, que les artisans aériens suspendent
aux branches des arbres.

On a désigné à cause de cela sous le nom de *Tisserins* une

18

tribu de Passereaux qui se fait remarquer par la perfection de ses produits; mais d'autres Oiseaux imitent leur industrie, quoique appartenant à des familles différentes.

Certains tisserands, des moins habiles, se contentent d'enlacer grossièrement quelques herbes et d'en former une espèce de petite cupule, dans laquelle la femelle se tient profondément

Fig. 144. — Nid de *Fondia erythrops*, Bonaparte. (Muséum de Rouen.)

enfoncée. C'est là qu'elle couve attentivement ses œufs, en regardant tout ce qui se trouve autour d'elle. La *Fondia erythrops* confectionne un de ces nids d'un imparfait tissu.

Les Cassiques et les Baltimores méritent d'être cités en première ligne parmi nos ouvriers d'un nouveau genre, à cause de l'ampleur des véritables poches de famille qu'ils suspendent aux arbres.

Les nids du Cassique huppé sont confectionnés avec des

Fig. 145. — Nid du Cassique huppé. (*Cassicus cristatus*, Gmelin.)

herbes sèches; ils ressemblent à de très longs sacs évasés au fond, offrant pour entrée une ample fente allongée, située vers le haut et placée latéralement, de sorte que l'eau de la

Fig. 146. — Nid du Carouge baltimore (*Oriolus baltimore*, Gmelin.)
(Muséum de Rouen.)

pluie glisse sur ses bords et ne peut pénétrer à l'intérieur de cette vaste habitation de famille. Ces grands nids ont parfois deux mètres de longueur. Les Cassiques les accrochent aux branches des arbres, où, de loin, ils semblent pendre comme d'étranges fruits d'une taille démesurée. Aussi, lorsque ces Oiseaux sont nombreux dans la contrée, et qu'ils y bâtissent beaucoup de nids, ceux-ci, accrochés au milieu du feuillage des arbres, donnent au paysage un aspect tout particulier et d'un effet absolument original.

Les nids du Carouge baltimore sont plus courts, et confectionnés avec un duvet finement enchevêtré; c'est un ouvrier qui travaille plus délicatement que l'autre, et auquel il faut une couche plus chaude et plus moelleuse. Ses constructions ont l'apparence de sacs de laine grossièrement tricotés, attachés sur les branches par une large surface, et dont l'ouverture est grande et arrondie.

LIVRE VII

LES MIGRATIONS DES ANIMAUX

Beaucoup d'animaux, entraînés par d'impérieux besoins ou par une force instinctive irrésistible, à un moment donné abandonnent en masses leur résidence habituelle et se dirigent vers des régions éloignées. De telles migrations, dont le but se dérobe souvent à notre pénétration, s'observent dans presque toutes les classes du règne animal. Le plus ordinairement on les voit se produire à des époques fixes; mais d'autres fois aussi elles ne se montrent qu'accidentellement, et viennent tout à coup étonner les populations des contrées qui en sont le théâtre, et où ces envahisseurs inattendus apportent la dévastation, la famine et la mort.

Dans d'autres cas enfin, c'est la violence qui force des légions d'animaux à déserter les lieux où ils se sont établis. Dans les contrées où l'Homme ne les décime pas, ils pullulent en si grande abondance, et s'y trouvent tellement entassés, qu'on a peine à comprendre comment ils y peuvent subsister : on est effrayé de leur nombre. Les tableaux que Livingstone nous a tracés de l'exubérance du gibier dans les sites sauvages de l'Afrique Centrale, et en particulier sur les bords du Zambèze, suffiraient pour nous donner une idée de la fécondité de la

nature. Mais cette fécondité est elle-même funeste aux espèces
débiles; les plus fortes, en venant à dominer, les chassent ou
les anéantissent, il n'y a pas de choix pour elles. Ce sont des
migrations forcées.

La civilisation procède de la même manière. Les animaux
disparaissent à mesure que celle-ci s'avance; elle les refoule
devant elle ou les détruit radicalement. Beaucoup de grosses
espèces qui s'abritaient dans les anciennes forêts de la Gaule,
l'Aurochs et d'autres, ont aujourd'hui disparu de nos contrées.
Nous n'y retrouvons plus que les ossements altérés de ces
Mammifères sauvages que nos robustes aïeux y chassaient.

Lorsque les animaux opèrent annuellement de lointains
voyages, on observe un ordre et une prévoyance qui n'ont point
lieu lors de leurs migrations erratiques. Durant ces dernières,
parfois toute la colonne expire, vaincue par les éléments ou la
faim : partie du lieu natal en bandes innombrables, pas un
seul individu ne le revoit. Durant les autres, au contraire,
instruite sans doute par une expérience. dont tous profitent,
le voyage s'accomplit avec un ordre qui nous étonne.

L'arrangement qu'affectent les Oies en traversant le ciel,
lorsqu'elles se rendent dans une patrie éloignée, décèle chez
elles certaines combinaisons mentales. Toutes se trouvent placées
à la suite les unes des autres, sur deux longues lignes obliques
qui forment un angle aigu en avant, disposition la plus favo-
rable pour fendre l'air. Et comme l'individu placé à la tête de
la phalange déploie plus d'efforts pour ouvrir la route, quand il
se trouve fatigué on le voit s'abaisser, prendre le dernier rang,
tandis qu'un autre lui succède.

J'avais pensé qu'il y avait peut-être plus de poésie que de
véracité dans ce qu'ont dit sur cela les naturalistes anciens;
mais, ayant fréquemment vu, le long du Nil, des bandes d'Oies
traverser le ciel en se dirigeant vers la Nubie, j'ai pu vérifier
l'exactitude de leurs récits.

J'ai reconnu aussi que, lorsque ces voyageurs, exténués de
fatigue, se reposaient sur les bords du fleuve, de place en place,

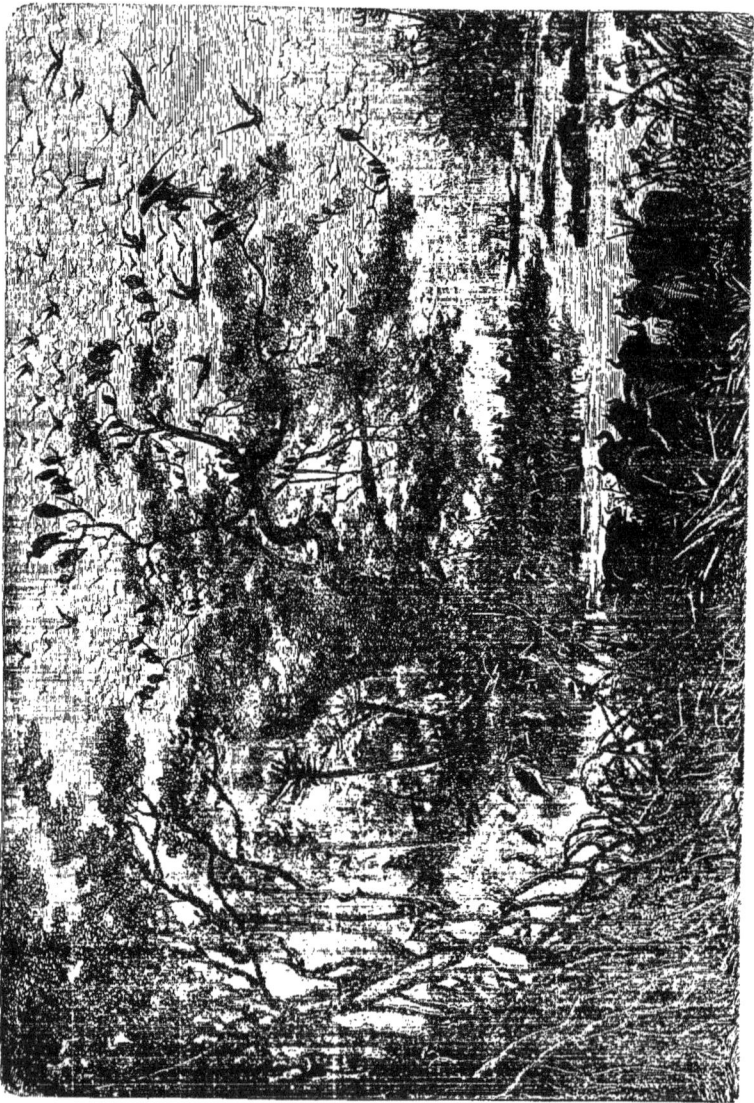

Fig. 147. — Abondance des animaux dans certaines contrées de l'Afrique. Rives du Zambèse, d'après Livingstone.

tout autour de leurs masses tassées et endormies, il y avait
d'immobiles sentinelles qui, l'œil au guet et l'oreille attentive,
observaient les environs et donnaient l'éveil à tout le camp
aussitôt que quelque ennemi s'en approchait. Nos chasseurs
tentèrent, mais toujours en vain, de les surprendre. Longtemps
avant qu'elles se trouvassent à portée de fusil, on voyait ces
vedettes vigilantes élever le cou, observer l'approche, hésiter
quelques instants en battant des ailes, puis enfin s'envoler en
jetant un léger cri; alors toute la troupe émigrante les suivait.

Fig. 148. — Chasse aux Oies. (Tirée des peintures des temples souterrains de Beni-Hassan,
d'après Lepsius, *Monuments d'Égypte et d'Éthiopie*.)

Cependant il est probable que les anciens Égyptiens, plus
habiles que nous, parvenaient à surprendre ces bandes voyageuses. En effet, parmi les peintures des monuments des
Pharaons on a fréquemment représenté des chasses d'Oies au
filet et des gens portant de ces oiseaux dans des paniers, allant
les vendre sur les marchés. Lepsius a reproduit dans son bel
ouvrage sur l'Égypte plusieurs de ces scènes cynégétiques,
d'après les peintures et les bas-reliefs de Beni-Hassan et des
grandes pyramides de Gizeh.

Certains Insectes n'offrent pas un ordre moins remarquable

quand ils s'éloignent de leur demeure. Une espèce de Lépido-
ptère est même devenue célèbre à cause de la règle que ses
larves affectent constamment durant leurs pérégrinations. En
sortant du repaire ou sac dans lequel s'abrite et s'entasse toute
leur famille, une chenille marche en tête de la bande; puis
en viennent deux; ensuite un rang de trois; après, un de quatre;
et toujours les escouades s'augmentent et marchent régulièrement à la suite les unes des autres. Leurs files, qui s'étendent
parfois sur une longueur de dix à douze mètres, font ainsi de
nombreux détours sur les pelouses et les chemins, en imitant

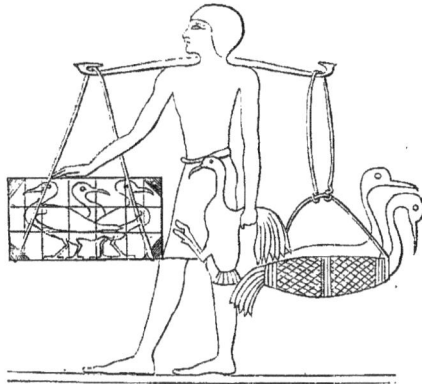

Fig. 149. — Égyptien portant des Oies au marché, d'après Lepsius.
Tiré des pyramides.

l'ordre d'une procession en mouvement. C'est ce qui a valu le
nom de Bombyce processionnaire au papillon qui donne
naissance à cette funeste cohorte, qu'il faut laisser en repos
lorsqu'on la rencontre, car, sous peine d'un rigoureux châtiment,
il est défendu à l'Homme et aux animaux d'en troubler la
marche ou même d'en approcher. Les poils qui recouvrent ces
chenilles, se détachant pendant leurs évolutions et voltigeant
tout autour de leur armée, sont extrêmement dangereux à
respirer; aussitôt qu'il en entre avec l'air dans la poitrine, on
se trouve subitement pris d'une toux opiniâtre et douloureuse,
qui va presque jusqu'à la suffocation.

Fig. 150. — Promenade du Bombyce processionnaire (*Bombyx processionea*, Galvicinus).
Chenilles en marche, nid, chrysalide, cocon et papillons. (Voy. p. 284.)

Le besoin impérieux, irrésistible, de changer de site ou de patrie ne se manifeste ordinairement que chez les animaux qui ont atteint toute leur taille et avec elle toute leur force. Cependant on l'observe aussi pour quelques jeunes animaux. C'est ce qui a lieu, au printemps, à l'égard des Anguilles. La progéniture de ces Poissons, dont la mystérieuse origine n'est point encore tout à fait éclaircie, remonte alors nos fleuves par bandes tellement serrées, que tous les voyageurs se touchent, et que tout dénombrement en serait impossible.

Ces jeunes Anguilles forment près des berges de la Seine, au mois de mai, un cordon d'un mètre de largeur, qui met parfois plus d'une semaine à remonter ce fleuve aux environs de Rouen; et, après ce temps, ces myriades d'animaux disparaissent et semblent ne pas laisser de trace. D'où nous arrive cette voie lactée vivante, et que devient ce peuple diaphane? On ne le sait pas tout au juste. Les anguilles vont pondre à la mer, cela est certain, mais où pondent-elles? dans quelles profondeurs? Quel âge ont ces jeunes Anguilles transparentes, longues de six à huit centimètres qui constituent la *montée*? On l'ignore. Il est probable qu'elles se répandent dans tous les affluents jusqu'aux plus petits du fleuve et, par les fossés, même par les prairies humides, gagnent les étangs, où elles grandissent et atteignent toute leur taille, mais sans jamais se reproduire.

Nos relations commerciales avec les régions éloignées favorisent aussi les migrations de certains animaux, mais pas autant cependant qu'on serait tenté de le croire. Transportés sous un climat étranger, ceux-ci y meurent le plus souvent : le froid glace les uns, la chaleur étouffe les autres. Il n'est pas rare de voir errer dans les ports de l'Europe quelque Serpent ou quelque Araignée des contrées tropicales, que nos navires y ont débarqués avec leurs cargaisons de bois de teinture. Mais, engourdis par notre soleil avare, bientôt ces exilés expirent, en regrettant une plus heureuse patrie.

I

Généralement les Mammifères, lourds et volumineux, ne s'éloignent guère de leur résidence; pour eux, voyager est difficile, et, assez forts pour ne craindre aucun ennemi, ils restent paisiblement cantonnés dans les lieux où se trouve une nourriture propice. C'est ce que font surtout les grands Herbivores aquatiques, qui doivent rencontrer réunies dans le même site deux conditions essentielles, des aliments et de l'eau. Là où ces conditions existent, ils établissent leur colonie.

Tels sont les Hippopotames, qu'on découvre vivant en nombreuses et paisibles familles dans les fleuves de l'Afrique Centrale. Là, se livrant à tout le bonheur d'une vie tranquille, les uns s'y baignent ou se jouent dans les grandes herbes, tandis que les mères promènent tendrement leur petit sur leur dos à la surface de l'eau.

Les Kangourous restent également attachés au site natal. Leurs membres de derrière, démesurément longs, leur donnent, il est vrai, une grande agilité pour sauter, mais les pattes de devant, étant trop exiguës, ne leur permettent pas de longues marches. Et d'ailleurs le sol vierge de l'Australie leur offre toujours une abondante nourriture au milieu de ses hautes herbes.

Ce qu'il y a de plus remarquable, c'est que ce sont les Mammifères doués, en apparence, des plus grandes facilités de transport, qui offrent l'existence la plus sédentaire; telles sont les Chauves-Souris. Quoique ayant d'amples ailes, on ne les voit jamais s'éloigner du gîte qu'elles se sont choisi. Ainsi, les

Fig. 151. — Kangourou antilope (*Macropus antilopinus*, Waterhouse).

Nyctères de la Thébaïde, qui se gonflent en remplissant d'air les sacs qu'elles portent sous leur peau, ne s'éloignent guère des sombres détours des pyramides ou des temples de l'ancienne Égypte, où elles sont parfois si nombreuses qu'elles éteignent, en voltigeant, les flambeaux des voyageurs.

Mais quelques Mammifères, quoique placés dans des circonstances beaucoup moins favorables que bien d'autres animaux,

Fig. 152. — Nyctère de la Thébaïde (*Nycteris Geoffroyi*, Desmarest).

accomplissent cependant des migrations dont le grandiose et l'intelligence provoquent l'étonnement et l'admiration.

Rien n'offre peut-être un spectacle plus imposant que les immenses troupes de Bisons qui traversent les savanes de la Louisiane. Quand les décrets de la Providence en ont marqué l'instant, l'un de ces sauvages Mammifères s'érige en chef de la troupe émigrante. Ses mugissements retentissent dans les vallées du Meschacébé, et il rassemble bientôt autour de lui une troupe formidable prête à le suivre à travers le désert.

« Lorsque le moment arrive, dit Chateaubriand, ce chef, secouant sa crinière, qui pend de toutes parts sur ses yeux et ses cornes recourbées, salue le soleil couchant, en baissant la tête et en élevant son dos comme une montagne; un bruit sourd, signal du départ, sort en même temps de sa profonde poitrine, et tout à coup il plonge dans les vagues écumantes, suivi de la multitude des génisses et des taureaux qui mugissent d'amour après lui. »

Plus ingénieuse et moins bruyante est la migration des légions d'Écureuils qui animent les forêts de la vieille Scandinavie.

Tandis que les formidables Bisons renversent tout sur leur chemin, des colonies d'Écureuils timides et silencieux vont, à travers mille péripéties, se fixer loin de leur site natal. Des voyageurs assurent qu'en Amérique et en Laponie, quand un fleuve leur barre le passage, chaque membre de la famille errante transforme en radeau quelque fragment de bois ou d'écorce, déploie sa large queue au vent, en guise de voile, et que la petite flottille vivante, emportée par le souffle du zéphyr, atteint le rivage opposé[1].

De gentils Mammifères de la Laponie, les Lemmings, qui ne sont pas tout à fait aussi gros que des rats, accomplissent des migrations encore plus extraordinaires et surtout plus courageuses. A certaine époque de l'année, ces aventuriers, poussés par un mystérieux instinct, descendent des montagnes par troupes si nombreuses que, sur des espaces considérables, la campagne est absolument couverte par leur armée grouillante et serrée. Toujours marchant sans trêve ni relâche, aucun obstacle ne les arrête, ni les fleuves, ni les lacs, ni les bras de mer; cent ennemis les déciment, cent dangers les menacent, rien ne les rebute; les longs rubans vivants que forme leur troupe n'en continuent pas moins d'avancer vers le lieu qu'ils veulent fatalement atteindre.

Étonnés de l'invasion subite de ces innombrables légions de

1. Linné semble croire lui-même à cette remarquable migration des Écureuils.

Rongeurs, qui dévastent tout sur leur passage, les habitants du Nord s'imaginaient autrefois que ce fléau tombait du ciel. C'est surtout quand un hiver prématuré produit la disette sur les hauteurs, que les Lemmings gagnent les basses terres.

Tous ces émigrants sont animés d'une vaillance qu'on ne s'attendrait pas à trouver dans de si faibles créatures. Ils s'avancent en lignes droites, gravissent les rochers, passent les fleuves à la nage, et se défendent contre quiconque les attaque. L'Homme lui-même ne les effraye pas en leur barrant le passage; leurs dents impuissantes mordent son bâton.

Mais tant de courage, tant d'énergie et de persévérance n'aboutissent ordinairement qu'à des désastres. Les émigrants laissent derrière eux une longue traînée de cadavres. Beaucoup deviennent la proie des Renards, des Poissons et des Oiseaux carnassiers; d'autres périssent au milieu des flots ou sont décimés par la faim et la fatigue; parfois même, la mort les moissonne en nombre si prodigieux que l'air en est infecté.

II

Nul animal ne révèle autant de force et d'instinct que l'Oiseau durant ses lointaines excursions : celles-ci tiennent du prodige. Ce n'est qu'à l'aide d'instruments de précision et de calculs compliqués que le marin s'aventure sur la mer; nos voyageurs ailés, sans guide et sans boussole, et sans jamais s'égarer, se transportent du cercle polaire aux régions tropicales; des Grues passent l'été sur les grèves orageuses de la Scandinavie, et l'hiver dans les ruines des palais des Pharaons.

Le mécanisme des Oiseaux est admirablement disposé pour seconder leurs courses rapides. Leurs rames aériennes, mues par des muscles d'une puissance extraordinaire, se prêtent aisément à toutes les témérités de leurs pérégrinations à travers les hautes régions de l'air. Tel est le vol audacieux de ces Condors qui, des cimes glacées des Andes, s'élançaient vers les cieux, et bientôt disparaissaient à la vue d'Alcide d'Orbigny, sans qu'on s'expliquât comment ils pouvaient respirer dans une atmosphère si raréfiée.

L'Oiseau, quoique doué d'une si frêle organisation, dépasse cependant en puissance les lourdes machines qui glissent sur nos rails de fer. Ses vaisseaux et ses fibres, malgré leur prodigieuse délicatesse, fonctionnent et résistent plus énergiquement que nos pesants rouages et nos épais canaux de fonte; là est le doigt de Dieu, ailleurs seulement le génie de l'Homme! Lancé comme un trait dans l'espace, un Oiseau, en se jouant, franchit silencieusement vingt lieues à l'heure. En marchant à toute vapeur, une locomotive enveloppée de feu et de fumée n'atteint la même

rapidité qu'en dévorant des masses de charbon et d'eau, au bruit
infernal de ses engrenages et de ses pistons.

Les Mouettes qui nichent sur les rochers des Barbades, à ce

Fig. 155. — Nid de Grue sur un monument égyptien.

que nous rapporte Hans Sloane, font chaque jour une promenade
de cent trente lieues en mer pour aller, sur une île éloignée,
trouver le plaisir et la nourriture. L'animal l'emporte sur l'industrie humaine!

Durant leurs audacieuses excursions, les Oiseaux suivent infailliblement leur route, guidés par des sensations d'un ordre inconnu et d'une extrême délicatesse, parmi lesquelles la vue et l'odorat jouent, sans doute, un grand rôle. Tous les historiens racontent qu'après la bataille de Pharsale les émanations putrides des morts entassés sur le sol attirèrent des Vautours de l'Afrique, qui y vinrent faire la curée. Ce qu'il y a de certain, d'après de Humboldt, c'est qu'au milieu des plus solitaires passages des Cordillères, là où l'on ne supposerait même pas qu'il existât des Condors, si l'on tue un cheval ou une vache, bientôt après, plusieurs de ces sordides carnassiers, avertis par l'odorat, arrivent pour se gorger de ses chairs putréfiées.

Les migrations de certains Oiseaux sont parfaitement connues; on sait d'où ils partent, où ils font leurs haltes, en quel lieu ils s'arrêtent. Tout cela s'accomplit avec une telle régularité, qu'à jour fixe on peut prédire leur passage. Ainsi, constamment, à l'automne, des bandes de Cailles, en émigrant, tombent épuisées sur l'île de Malte et n'y trouvent qu'une fatale hospitalité. On les prend en masse dans les rues de la ville ou sur les chemins; et comme les habitants ne peuvent consommer entièrement cette moisson vivante, on l'expédie sur des marchés lointains. J'en vis encombrer le pont du navire sur lequel je sortais du port.

La mystérieuse migration des Hirondelles a surtout exercé les savants. Que deviennent ces ravissants messagers, lorsqu'on les voit tout à coup disparaître? C'était ce qu'on ne savait pas. Naguère encore on faisait à cet égard les plus étranges suppositions.

Comme, à l'automne, ces Oiseaux vont butiner dans les marécages et semblent s'y plonger, on crut longtemps qu'ils s'enfonçaient alors dans leur limon, pour n'en sortir qu'au retour de la chaleur printanière, qui les ranimait après une asphyxie de six mois. Olaüs Magnus, naturaliste du Nord, plus érudit qu'observateur, fut le premier qui propagea cette fable, allant jusqu'à prétendre que les pêcheurs de la Norvège prenaient souvent, dans leurs filets, un grand nombre d'Hirondelles mêlées aux Poissons. On assurait même qu'en exposant à la chaleur du poêle les pauvres Oiseaux tout souillés de vase, détrempés

Fig. 154. — Mouettes à manteau bleu (*Larus argentatus*, Brunn).

d'eau et engourdis par le froid, bientôt on les voyait se sécher et renaître à la vie.

Linné, Buffon et même Cuvier ont cru de tels faits! Doit-on leur en faire un crime, quand on voit encore quelques physiologistes de notre époque s'obstiner à professer que certains animaux ressuscitent[1] !

Les Hirondelles nous ayant longtemps voilé leur résidence hivernale, celle-ci a été l'objet de toutes les suppositions. Divers savants prétendaient qu'au lieu d'émigrer dans de lointaines régions, elles se cachaient et s'engourdissaient au fond de quelque caverne, ainsi que le font nos Chauves-Souris. Un des hommes les plus dignes de foi que l'on puisse citer, le chirurgien Larrey, rapportait même avoir découvert, dans les environs de Maurienne, une grotte dont la voûte était tapissée d'une masse d'Hirondelles, qui s'y tenaient accrochées comme un essaim d'Abeilles.

Mais les expériences de Spallanzani avaient ruiné d'avance toutes ces fausses croyances. Ce savant abbé vit, non pas s'endormir, mais périr les Hirondelles qu'il voulait faire hiverner dans une glacière.

Adanson nous a appris que c'est au Sénégal que se réfugient les Hirondelles durant la froide saison. Celles qui se trouvent dispersées dans nos régions se rassemblent, à l'automne, sur les rivages de la Méditerranée, et ensuite la traversent par bandes nombreuses, quand une aspiration suprême ordonne leur départ. Ainsi donc, l'été l'Hirondelle maçonne sa demeure sous la corniche de nos palais, et l'hiver elle habite les huttes de la Sénégambie.

Toutes n'atteignent pas le but de leur pèlerinage. Les flots engloutissent celles qui ont trop compté sur leurs forces, si quelque rocher ou quelque navire propice ne se trouve à temps pour leur offrir un refuge. Durant une de mes pérégrinations à travers la Méditerranée, au milieu de la mer, des Hirondelles égarées vinrent tomber complètement épuisées sur le pont de la frégate qui me portait en Afrique. Tout le monde, matelots et soldats, les

---

1. L'idée que les Hirondelles hivernaient dans la vase des marécages était tellement populaire, qu'une académie de l'Allemagne sentit le besoin de sonder si elle ne reposait pas sur quelque observation positive. Cette réunion savante proposa, à cet effet, de donner autant d'argent, poids pour poids, qu'on lui rapporterait d'Hirondelles retirées de l'eau : la prime ne fut réclamée par personne.

Fig. 155. — Hirondelle Ariel et ses nids (*Hirundo Ariel*, d'après Gould).
(Voy. p. 302.)

environna de soins, qu'elles recevaient pleines de confiance. Quand elles eurent enfin dissipé leurs fatigues, elles reprirent leur voyage vers les chaudes régions du Sénégal; et depuis long-temps peut-être elles s'y reposaient sous les cabanes des sauvages, lorsque nous, nous n'avions pas encore salué les ports de l'Algérie.

Mais, après leurs longs et périlleux voyages, ces charmants hôtes de nos demeures reviennent chaque année, avec une

Fig. 150. — Colombe voyageuse (*Columba migratoria*, Linné).
(Voyez p. 302.)

touchante fidélité, retrouver leur ancien asile. Si les pluies ou les vents l'ont altéré, les architectes le réparent rapidement avant de le rendre témoin de leurs amours. Spallanzani a même vu que ces couples ailés s'attachent vivement à leurs construc-tions. Ayant noué des rubans diversicolores aux pattes de quelques-uns, il les reconnut l'année suivante, lorsqu'ils vinrent en reprendre possession. Il en vit revenir ainsi pendant dix-huit années de suite. Combien parmi nous ne font pas un si long bail!

Une autre espèce du même groupe, l'Hirondelle Ariel, revient aussi avec amour à sa république formée de nids entassés, plus ingénieux que ceux de nos Hirondelles, et ressemblant à autant de bouteilles à goulot très évasé qu'on aurait suspendues par leur fond dans des liéux inaccessibles.

Moins remarquable par l'instinct qui la guide que par l'innombrable multitude de son armée, la Colombe voyageuse parcourt les forêts de l'Amérique en masses si serrées qu'elles interceptent absolument les rayons du soleil, et projettent sur la terre une ample traînée de ténèbres. Ses colonnes compactes offrent de telles proportions, que l'œil ne peut en embrasser toute l'étendue. Le passage de ces colonnes dure parfois trois heures, et, comme les Colombes voyagent à peu près à raison de soixante kilomètres par heure, nécessairement leur armée doit se développer dans le ciel sur un espace de plusieurs lieues.

L'immense armée ne voyage jamais la nuit ; aussitôt que celle-ci la surprend, elle se précipite, haletante et épuisée, sur la plus prochaine forêt, pour s'y refaire de ses fatigues. Ses légions s'entassent sur les arbres, en tel nombre que les grosses branches plient ou cassent sous leur poids ; et, bientôt après, tous ces envahisseurs se livrent au repos.

Mais à peine les Pigeons sont-ils installés, que tous les gens valides de la contrée accourent et en font un véritable carnage. Le bruit et la fusillade nourrie n'interrompent nullement le sommeil de ces voyageurs harassés. Les victimes tombent ; les femmes et les enfants les ramassent, ou tuent à coups de bâton les Pigeons qui se sont perchés à leur portée. La récolte devient tellement abondante que, ne pouvant manger tous les oiseaux sur place, on est souvent obligé de les saler et de les entasser dans des barils, pour les conserver ou les expédier au loin.

La rigueur de l'hiver chasse la plupart des animaux des contrées polaires, et ceux-ci gagnent alors des régions plus favorisées du soleil.

Fig. 157. — Ménage de Colibris émeraudes (*Chlorostillon prasinus*, Gould).
(Voy. p. 305.)

Des observations recueillies avec le plus grand soin par les employés des stations météorologiques qui couvrent aujourd'hui l'Europe nous ont permis de suivre en quelque sorte pas à pas quelques-unes des routes que font ainsi les Oiseaux du Nord pour trouver pendant la saison d'hiver un climat plus doux et des eaux qui, ne gelant pas, continuent de leur fournir une nourriture abondante. Pendant les mois d'été, les terres de l'océan Glacial, le Spitzberg, la Nouvelle-Zemble, sont couvertes de Bernaches. Quand le froid arrive et va fermer à ces Oiseaux l'accès de la mer, ils se dirigent vers le Sud en prenant des chemins différents. Les Bernaches du Spitzberg descendent sur la côte laponne, le long de la Norvège, elles suivent les rivages de la mer du Nord, de la Manche, et vont se montrer jusqu'en Portugal. Les Bernaches de la Nouvelle-Zemble remontent la mer Blanche, prennent la Baltique, s'engagent dans la vallée du Rhin et de là dans celle du Rhône, et gagnent les eaux bleues de la Méditerranée, où on les rencontre jusque sur la côte de Toscane.

A ces tableaux de la vie errante de certains Oiseaux, on en peut opposer d'autres, où, malgré la puissance de leurs ailes, ces hôtes de l'air mènent une existence tout à fait sédentaire, ne voltigeant qu'aux environs du site qui les nourrit et les vit naître.

Si, dans leur vol audacieux, quelques Échassiers déchirent les nuages et embrassent tout un hémisphère, une petite famille de Colibris n'a parfois qu'un rosier pour tout univers. Semblable à une élégante coupe ornée de lichens, son moelleux nid de coton se balance à l'extrémité des plus grêles rameaux de la plante, tandis que ces diamants aériens butinent les Insectes qu'attirent ses fleurs, ou s'abreuvent des perles de rosée que distillent leurs pétales; tel est le *Typhæna Duponti*.

De même, ces Colibris à la robe d'un vert chatoyant, qui attirent et charment tous les regards, ces *Émeraudes du Brésil*, ainsi qu'on les nomme vulgairement, étagent leurs légères couches nuptiales sur les fines tiges pendantes des plantes volubiles, dont ils ne s'éloignent guère. Bercée par le zéphyr, la femelle y couve paisiblement ses œufs, tandis que son époux voltige amoureusement près d'elle; c'est là que s'écoulent toutes les journées de bonheur de ce gracieux couple, *Chlorostilbon prasinus*.

III

Les Reptiles n'opèrent pas de ces Migrations qui étonnent soit par le nombre des voyageurs, soit par l'espace qu'ils parcourent; mais il est un fait de leur histoire qui a donné lieu à de longs débats : ce sont les *pluies de Crapauds* et de *Grenouilles*, qui ne représentent en réalité que de véritables *migrations forcées*.

Il en avait été question fort anciennement, mais on croyait généralement que les assertions des auteurs étaient controuvées. Quelques observations assez récentes ont enfin démontré l'existence réelle de ce phénomène. que l'on explique aujourd'hui d'une manière fort rationnelle.

Ces averses de Grenouilles devaient être assez communes dans l'ancienne Grèce, puisque Aristote leur impose un nom particulier. Par allusion à l'idée dominante de son temps, qui les faisait provenir du ciel, il les appelait des *envoyées de Jupiter*.

Deux cas bien observés dans ces derniers temps ont surtout entraîné les savants.

Le premier fut attesté par toute une compagnie de nos soldats, qui, durant la Révolution, étaient en marche dans le nord de la France. En pleine campagne, ces soldats furent assaillis par une pluie de petits Crapauds qui leur cinglaient le visage, en tombant avec des torrents d'eau. Étonnés de cette surprenante agression, et voulant constater que cette averse vivante provenait bien d'en haut, les militaires tendaient leurs mouchoirs au niveau de leur tête et les en trouvaient aussitôt couverts. Après l'orage, l'étonnement fut général quand les soldats virent cette progéniture inattendue sautiller dans les replis de leurs tricornes.

La seconde pluie de Crapauds bien constatée tomba, en 1734, sur la ville de Ham, et immédiatement les rues, les toits et les gouttières furent remplis d'une grande quantité de ces jeunes animaux.

Déjà, à l'époque de la Renaissance, un médecin célèbre, Cardan, qui a produit tant et tant d'hypothèses étranges, avait cependant, pour ce phénomène, mis le doigt sur la vérité. Il supposait que les pluies de Grenouilles devaient être attribuées aux trombes qui enlevaient ces animaux sur les montagnes et allaient les déposer au loin quand elles venaient à crever. Récemment, le sage et savant Duméril, dans le sein de l'Académie des Sciences, lorsque ce phénomène donna lieu à de si grands débats, se rapprocha de cette opinion. Il supposa que les trombes, en passant sur des marécages, en pompaient l'eau ainsi que ce qu'elle contenait, et allaient au loin verser le tout.

A l'appui de cette hypothèse fort rationnelle, Arago rapporta que, dans leurs tourbillons, les vents enlèvent parfois à la mer des masses d'eau, qu'ils laissent ensuite tomber sous forme de pluie à six ou sept lieues des rivages. Des grêlons, beaucoup plus pesants que de petits Crapauds, se trouvent bien suspendus pendant un certain temps dans les nuages!

On prétendit que si cette opinion était positive, il devait aussi tomber des pluies de Poissons. On a répondu à cette objection en en citant divers exemples. Les érudits mentionnent quelques averses d'Épinoches, ces véritables infiniment petits de leur classe, vivant dans les mares et les ruisseaux de nos contrées. On a vu de ces Poissons, pompés avec l'eau des marécages par l'aspiration de quelque trombe, aller retomber en masse à de grandes distances de leur séjour.

Ainsi donc, la science moderne a constaté un fait avancé par l'antiquité, et dont l'étrangeté avait longtemps fait douter[1].

---

1. Les naturalistes qui, tels que MM. Defrance et H. Cloquet, prétendaient que les pluies de crapauds devaient être rangées au nombre des erreurs populaires, pensaient que les Batraciens qu'on voit parfois pulluler en telle quantité, après une averse

Parmi les Poissons, il en est quelques-uns dont les migrations
ont une grande célébrité ; telles sont surtout celles qu'on prête aux
harengs. On pensait autrefois que les mers du Nord devaient être
considérées comme la résidence de prédilection de leurs innombrables cohortes, et que c'est de là qu'annuellement partaient les
longues bandes qui viennent nous apporter tant de nourriture,
et donner un si grand essor au commerce maritime. Il n'en est

Fig. 138. — L'Epinoche et son nid.

pas tout à fait ainsi. Le Hareng ne voyage point le long des côtes
européennes, mais il y arrive des fonds inaccessibles de l'Océan,
quand le moment de la ponte est revenu. C'est une migration
aussi, mais qui se fait de la profondeur de l'Atlantique à ses
rivages. Et, comme les Harengs se montrent plus tôt sur les côtes
de Norvège que dans la mer du Nord ou la Manche, on en avait
autrefois conclu que ses troupes immenses se déplaçaient du

d'orage, qu'il est impossible de poser le pied sur le sol sans en écraser quelques-uns,
provenaient de jeunes qui étaient cachés dans les anfractuosités de la terre sèche,
et que l'inondation en chassait.

nord vers le sud. L'extrême fécondité de ces Poissons explique seule comment ils subsistent encore malgré l'énorme consommation que nous en faisons depuis tant de siècles.

Les pêcheurs reconnaissent au loin la présence des bancs de Harengs : le jour, aux nuées d'Oiseaux de proie qui les accompagnent, dévorant tous ceux qui s'approchent de la surface des flots;

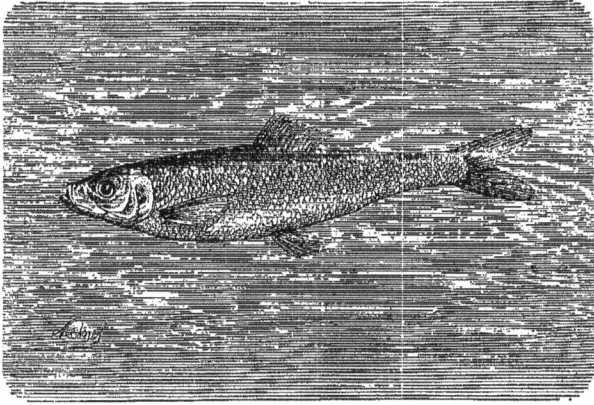

Fig. 159. — Hareng commun.

la nuit, au long sillage lumineux que font leurs bandes sur la mer[1].

Les Thons et les Maquereaux exécutent aussi de pareils voyages.

1. L'exploitation de ces bandes de Harengs remonte fort loin. Dans les chroniques du monastère d'Evesham, qui datent du commencement du huitième siècle, il en est déjà question. Divers documents attestent qu'en France on s'en occupait au onzième.

A une certaine époque, la Hollande trouva dans la pêche du Hareng un des principaux éléments de sa richesse et de sa puissance maritime. Cette nation était tellement pénétrée de ce fait, qu'elle éleva une statue à Buckalz, qui lui enseigna l'art de saler ce Poisson; Charles-Quint honora sa mémoire en visitant son tombeau.

Dans le temps de la grande prospérité de cette pêche, la république Batave y envoyait annuellement deux mille bâtiments, et elle y occupait plus de quatre cent mille individus, soit pour monter sa flotte, soit pour le commerce de ce Poisson. Les Hollandais étaient tellement pénétrés de l'avantage que celui-ci leur avait procuré, qu'ils l'exprimaient dans un dicton populaire : *Amsterdam*, disaient-ils, *est fondée sur des têtes de harengs*.

IV

Les plus grands déprédateurs du globe ne sont ni ces imposants Bisons dont les mugissements ébranlent le désert, ni ces envahisseurs ailés qui dévastent nos forêts; ce sont d'infimes Insectes, que la colère de Jéhovah disperse sur la terre pour y manifester sa puissance.

Tel est le Criquet émigrant, l'un des plus terribles fléaux de l'agriculture. En Afrique et en Asie, les innombrables cohortes de ces Insectes, que l'on désigne vulgairement sous le nom de Sauterelles, sont tellement tassées, que lorsqu'elles s'avancent dans le lointain, elles ressemblent à d'immenses nuages noirs qui interceptent les rayons solaires, et plongent le pays dans les plus profondes ténèbres. Un bruit formidable, que Forskal compare à celui d'une cataracte, annonce l'arrivée des redoutables Orthoptères. En s'abattant sur le sol, ils y forment parfois une nappe vivante de plus d'un pied d'épaisseur; et lorsque, exténués de fatigue, ils s'entassent sur les arbres, les branches plient et se brisent sous leur poids. Tout le parcours de ces Criquets dévorants semble avoir été ravagé par un incendie; on n'y aperçoit plus aucun vestige de verdure.

Le génie humain est impuissant pour conjurer un tel fléau. En vain les armées et les peuples se lèvent-ils en masse pour arrêter les terribles dévastateurs, ils échouent. Et si la mort frappe tous ces hôtes affamés, leurs cadavres amoncelés sur le sol exhalent des vapeurs pestilentielles; à la ruine succède la mortalité: les hommes expirent par milliers.

Ces effrayantes migrations ont été observées à toutes les époques

de l'histoire. Déjà Moïse nous apprend qu'à la voix de l'Éternel,
des Sauterelles couvrirent toute la terre d'Égypte, rongèrent ses
moissons et envahirent même les palais des Pharaons. Pline dit
qu'en Afrique quelques contrées ont même été dépeuplées par
leurs ravages. L'épouvante qu'elles inspiraient arrache cette
exclamation à saint Jérôme : « Qu'y a-t-il de plus fort et de plus

Fig. 160. — Sauterelle ou Criquet émigrant (*Acrydium migratorium*, Olivier).

terrible que les Sauterelles? Toute l'industrie humaine ne peut
leur résister; Dieu seul règle leur marche. »

Au quatrième siècle, à ce que rapporte saint Augustin, tout le
littoral de l'Afrique baigné par la Méditerranée fut dévasté par
des Sauterelles. Puis ces Insectes, ayant été précipités dans la
mer par la violence du vent, et s'étant trouvés ensuite rejetés sur
le rivage par les vagues, causèrent, en s'y putréfiant, une peste
déplorable.

L'histoire moderne n'a eu aussi que trop souvent à enregis-
trer de ces désastreuses apparitions. L'une d'elles, semblable

à un ouragan obscurcissant le soleil, barra le passage à l'armée de Charles XII, lorsqu'elle traversait la Bessarabie, et la força de s'arrêter[1].

De tout temps, l'Homme s'est efforcé de conjurer ces redoutables invasions. Dans l'antiquité, de sévères lois ordonnaient le massacre des Sauterelles. Dans l'île de Lemnos, comme tribut annuel, chaque particulier était forcé d'en apporter au magistrat un certain nombre de mesures. Pline raconte que, dans la Cyrénaïque, la loi contraignait même le peuple à leur faire trois fois par année une guerre d'extermination. Le citoyen qui s'y refusait était puni comme déserteur.

Le naturaliste ancien prétend qu'en Syrie on y employait parfois les légions romaines. Ce fait s'est reproduit à diverses reprises dans les temps modernes.

M. Virey dit qu'il y a peu d'années, en Transylvanie, on eut recours aux soldats pour atteindre le même but. Des régiments entiers ramassaient des Sauterelles, et quinze cents hommes n'étaient occupés qu'à écraser, brûler ou enterrer leur moisson vivante. Cela se passait en 1780. Mais, l'année suivante, le fléau

---

1. Voici comment l'historien de Charles XII parle de l'invasion de Sauterelles qui entrava la marche de l'armée de ce souverain :

« Une horrible quantité de sauterelles s'élevait ordinairement tous les jours avant midi, du côté de la mer; premièrement à petits flots, ensuite comme des nuages, qui obscurcissaient l'air et le rendaient si sombre et si épais, que dans toute cette vaste plaine le soleil paraissait s'être entièrement éclipsé. Ces insectes ne volaient point proche de terre, mais à peu près à la même hauteur que l'on voit voler les hirondelles, jusqu'à ce qu'ils eussent trouvé un champ sur lequel ils pussent se jeter. Nous en rencontrions souvent sur le chemin, d'où ils s'élevaient avec un bruit semblable à celui d'une tempête. Ils venaient ensuite fondre sur nous, comme un orage; se jetaient sur la même plaine où nous étions, et, sans craindre d'être foulés aux pieds des chevaux, ils s'élevaient de terre, et couvraient le corps et le visage à ne pas voir devant nous, jusqu'à ce que nous eussions passé l'endroit où ils s'arrêtaient. Partout où ces sauterelles se reposaient, elles y faisaient un dégât affreux, en broutant l'herbe jusqu'à la racine; en sorte qu'au lieu de cette belle verdure dont la campagne était autrefois couverte, on n'y voyait qu'une terre aride et sablonneuse. On ne saurait jamais croire qu'un si petit animal pût passer la mer, si l'expérience n'en avait si souvent convaincu ces pauvres peuples; car après avoir passé un petit bras du Pont-Euxin, en venant des îles ou terres voisines, ces insectes traversent encore de grandes provinces, où ils ravagent tout ce qu'ils rencontrent, jusqu'à ronger les portes mêmes des maisons. » (*Histoire militaire de Charles XII,* t. IV, p. 160.)

reparut, et ses ravages prenaient de telles proportions, qu'on fut obligé, pour le combattre, de lever le peuple en masse. Cependant une foule de campagnes n'en furent pas moins ruinées de fond en comble.

Récemment, Ibrahim-Pacha employa toute son armée pour écraser l'une de leurs cohortes et en détruire les vestiges infects. Bravant le plus ardent soleil, le grand capitaine excitait de sa présence le zèle de ses soldats.

D'autres Insectes se font moins remarquer par leur nombre que par l'ordre qui préside à leurs migrations; ils y procèdent avec la prudence d'une armée en campagne. Un chef intelligent semble diriger tous leurs mouvements; tel est ce qu'on observe pendant les excursions du *Termite voyageur*. Lorsqu'une légion de ces Névroptères entreprend une pérégrination lointaine, elle s'avance en droite ligne, et tous les Travailleurs marchent en colonnes de dix à quinze individus, aussi serrés qu'un troupeau de moutons. Pendant ce temps, des Termites qui sont armés de fortes mandibules et font l'office de véritables soldats, se dispersent en éclaireurs sur les côtés de la phalange afin de la protéger contre toute attaque. Si une herbe plus élevée que les autres se trouve sur le passage de l'émigration, on les voit souvent grimper sur ses plus hautes feuilles, et y rester suspendus comme autant de vedettes chargées d'éclairer la route.

Parallèlement aux Insectes émigrants, on doit mentionner ceux qui, sans exécuter d'aventureux voyages, apparaissent subitement en masses compactes, et deviennent des fléaux passagers pour nos campagnes.

L'un de ces voraces déprédateurs est le Hanneton, si commun en France. Dans son magnifique ouvrage sur les ennemis de l'industrie forestière, Ratzeburg n'hésite pas à le représenter comme *le plus terrible destructeur de nos cultures*. Les annales de l'agriculture abondent en affligeants détails sur les dégâts causés par cet Insecte. On le voit parfois, en un temps fort court, dévorer totalement le feuillage de forêts d'une vaste étendue. J'ai pu observer une dévastation de ce genre dans l'une de celles du département de la Seine-Inférieure. Tous les arbres avaient été dépouillés de leur verdure; pas une feuille, strictement parlant, ne restait sur l'un d'eux; et dans cette forêt, que nous parcourions au milieu de l'été, nous eussions pu nous croire en plein hiver, si le soleil ardent, en traversant les branches dénudées, ne nous eût brûlés de ses rayons.

Les Hannetons abandonnent souvent les forêts pour infester les champs. Ils pullulèrent tant en 1574, sur les côtes de

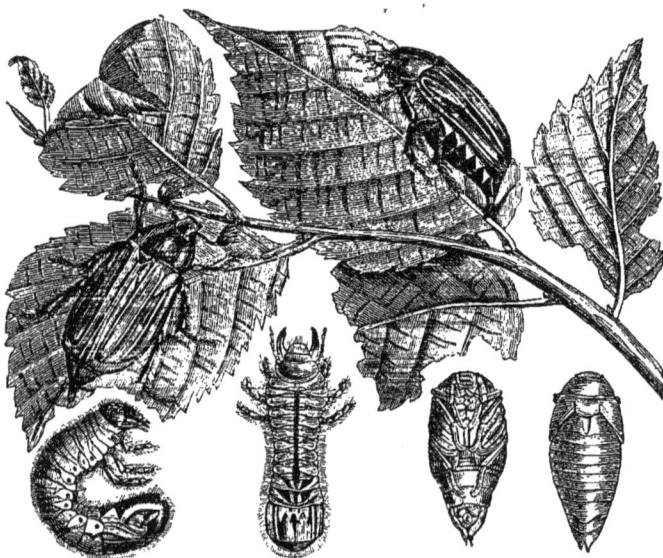

Fig. 161. — Hanneton commun (*Melolontha vulgaris*), mâle, femelle, larve et nymphe.

l'Angleterre, qu'en tombant dans la Saverne ils entravaient les roues des moulins. On lit dans une chronique de 1688 que ces Insectes se multiplièrent si fatalement alors en Irlande, que dans le comté de Galway l'air en fut obscurci; et leur abondance était telle au milieu des campagnes, qu'on avait peine à se frayer un chemin.

Mais ce qui cause encore de plus grands dégâts que le Hanneton, parmi les forêts et les cultures, ce sont ses larves, que les paysans appellent *Vers blancs* ou *Mans*. Ces larves vivent

sous le sol, lieu où il est difficile de les traquer, y rongent les
racines des plantes et parfois dévastent totalement de riches
campagnes. Durant les années où leur multiplication est favo-
risée, elles deviennent un redoutable fléau pour les populations
agricoles. La Normandie, que leurs légions dévorantes ravagent
assez souvent, a imploré à diverses reprises la législation, pour
obtenir quelque loi propre à en arrêter l'invasion. En 1866, les
Mans étaient tellement abondants au sein de plusieurs cantons
de la Seine-Inférieure, qu'ils y anéantissaient entièrement des
champs de betteraves et de colzas. Dans l'un d'eux seulement,
et en une quinzaine de jours, on recueillit assez de ces vers
pour en remplir un train de chemin de fer composé de trente-
deux wagons.

Quelques Insectes, même ceux de la moindre taille, dévastent
et dévorent toutes nos cultures; partout où ils apparaissent,
aucune puissance humaine n'en arrête les ravages. Selon Guérin-
Méneville, ces Insectes engloutissent même annuellement une
forte portion de nos récoltes; parfois le quart y passe, ce qui
élève leurs dégâts à plus de 500 millions de francs.

Malgré leur petitesse, l'effrayante facilité avec laquelle certains
Insectes pullulent et leur énorme dépense alimentaire viennent
constater la malheureuse exactitude de ce chiffre. Un expérimentateur ayant renfermé douze Charançons mâles et douze
femelles dans une caisse de blé, au bout de six mois ces coléoptères, qui ont à peine trois millimètres de longueur, avaient
déjà produit une innombrable progéniture, et mangé avec elle
quinze kilogrammes du grain au milieu duquel on les avait
enfermés. Aussi a-t-on calculé que ce petit Charançon, à lui
seul, dévore pour plus de 100 millions de blé dans les greniers
de l'Europe.

Par rapport à leurs migrations, on a peu étudié les Crustacés;
on sait seulement que quelques animaux de ce groupe, doués
d'étranges mœurs, en opèrent de tout à fait singulières : ce sont
de gros Crabes appelés Gécarcins. Charpentés comme leurs
congénères pour respirer l'eau à l'aide de branchies, ils

habitent cependant la terre, et se rencontrent par bandes serrées dans les montagnes et les forêts du Brésil, où ils nichent dans des trous. Mais, chaque année, ces animaux font un pèlerinage à l'élément liquide, pour y déposer leur progéniture, et, après cet acte accompli, ils reviennent vers leurs sites de prédilection.

Comme pendant ce double et long voyage il faut respirer, sinon de l'eau, au moins un air humide, tout a été prévu par la nature. Les Tourlourous, car ces Crabes sont vulgairement désignés sous ce nom, possèdent, à cet effet, au-dessus des branchies, des espèces de sacs qui ne sont que des réservoirs

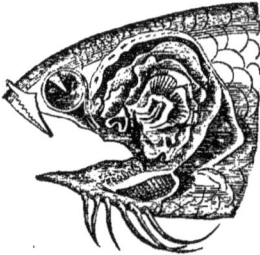

Fig. 162. — Cavité labyrinthiforme ou Réservoir à eau de l'Anabas.

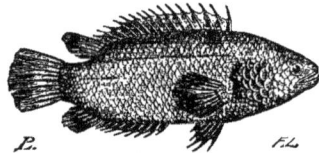

Fig. 163. — Anabas.

de liquide. Quand l'un de ces Crustacés veut voyager, il commence par faire sa provision d'eau, en remplissant complètement ses réservoirs. Puis, durant sa course, le liquide se distille goutte à goutte sur les organes respiratoires et en humecte les vaisseaux. Les branchies se trouvant ainsi continuellement imbibées, l'animal aquatique peut mener une vie aérienne et circuler en bravant la sécheresse et la chaleur. Ainsi qu'une locomotive en voyage, il porte avec lui sa provision d'eau ; il n'a plus qu'à se nourrir.

Un Poisson singulier offre une organisation absolument analogue à celle du Crabe dont nous venons de parler : c'est l'Anabas. Celui-ci remplit d'eau une cavité labyrinthiforme qui se trouve également située au-dessus de ses branchies ; puis,

après avoir pris cette précaution, le prudent Poisson sort
vaillamment des flots et mène la vie d'un habitant de l'air. Il
grimpe sur les rivages et les rochers à l'aide de ses nageoires
épineuses, en ayant soin, pendant sa course vagabonde, d'hu-
mecter peu à peu son appareil respiratoire avec le liquide
dont il a rempli les cellules de sa tête. On dit même que l'on
a parfois rencontré des Anabas montant à des arbres, en profitant
des fissures de leurs tiges; et souvent des dessinateurs ont
reproduit ce fait.

TABLE DES MATIÈRES

Coulommiers. — Imp. PAUL BRODARD. — 275-97.

www.ingramcontent.com/pod-product-compliance
Lightning Source LLC
Chambersburg PA
CBHW060415200326
41518CB00009B/1359